Sripada Swetha

Aglaonema - Crescimento e melhoria da qualidade

Sripada Swetha

Aglaonema - Crescimento e melhoria da qualidade

ScienciaScripts

Imprint
Any brand names and product names mentioned in this book are subject to trademark, brand or patent protection and are trademarks or registered trademarks of their respective holders. The use of brand names, product names, common names, trade names, product descriptions etc. even without a particular marking in this work is in no way to be construed to mean that such names may be regarded as unrestricted in respect of trademark and brand protection legislation and could thus be used by anyone.

Cover image: www.ingimage.com

This book is a translation from the original published under ISBN 978-3-659-87166-5.

Publisher:
Sciencia Scripts
is a trademark of
Dodo Books Indian Ocean Ltd. and OmniScriptum S.R.L publishing group

120 High Road, East Finchley, London, N2 9ED, United Kingdom
Str. Armeneasca 28/1, office 1, Chisinau MD-2012, Republic of Moldova, Europe
Managing Directors: Ieva Konstantinova, Victoria Ursu
info@omniscriptum.com

Printed at: see last page
ISBN: 978-620-8-60324-3

AGRADECIMENTOS

A realização desta tese é o resultado da benevolência do Todo-Poderoso, das bênçãos dos meus professores e do amor dos meus pais.

Expresso o meu profundo sentimento de gratidão e os meus sinceros cumprimentos e agradecimentos sinceros à minha Conselheira Principal e Presidente do Comité Consultivo, Dra. T. PADMALATHA, Professora Associada (Horticultura), College of Horticulture, Rajendranagar, Hyderabad, pela sua orientação inspiradora e meticulosa, e pelo seu constante encorajamento e cooperação sincera ao longo do progresso do meu trabalho de investigação e da apresentação da tese.

Desejo exprimir o meu profundo sentimento de reverência e gratidão ao Dr. K. DHANUMJAYA RAO, Cientista Principal (Floricultura) e Chefe da Estação de Investigação de Floricultura, Rajendranagar, Hyderabad, pelas suas valiosas sugestões, orientação, encorajamento constante e cooperação sincera durante a investigação, e agradeço-lhe o esforço que fez para analisar criticamente os manuscritos e a assistência prestada durante a preparação da tese.

Tenho o prazer de apresentar a minha profunda etiqueta ao Dr. A. SIVA SHANKAR, Professor, ANGRAU, Rajendranagar e membro do meu Comité Consultivo, pela sua orientação competente e por me ter dado sugestões valiosas durante a minha investigação e redação da tese.

Agradeço ao Dr. P. Lalitha Kameshwari, Cientista, Estação de Investigação em Floricultura e ao Dr. G. Ramana Reddy, Cientista Principal (Ciência do Solo), ARI e ao Dr. P. Veeranna goud, Reitor Associado, Faculdade de Horticultura, Rajendranagar, pela sua cooperação e ajuda no meu trabalho de investigação, pelo seu encorajamento e pelas suas valiosas sugestões durante o trabalho de investigação.

Estou igualmente grato a Naveen, Narasimha, Anuradha e Eshwar pela sua ajuda durante o meu trabalho de investigação.

Estou muito agradecida ao vocabulário e devo uma grande honra aos meus queridos pais, Sri S. Lokachary e Smt. S. Jayamma, pelo seu amor e esforços dedicados na formação da minha carreira desde a infância. O afeto e a cooperação das minhas irmãs Rajitha e Priyanka são incomparáveis.

Sinto falta de dicção para exprimir a minha gratidão aos meus amigos Mounika, Srujana, Suhasini, Shama, Shivani, Rani, Varsha, Saidulu, Ramesh, Sandeep, que deram um apoio magnífico em todas as situações.

Agradeço à ANGR Agricultural University, Hyderabad, e à Andhra Pradesh Horticultural University, Venkataramannagudem, pelo apoio financeiro sob a forma de bolsa durante o meu curso.

(S.SWETHA)

ÍNDICE DE CONTEÚDOS:

LISTA DE SÍMBOLOS E ABREVIATURAS

^0C	:	Degree Celsius
/	:	per
±	:	plus or minus
a.i	:	Active ingredient
ANGRAU	:	Acharya N. G. Ranga Agriculture University
A – rest	:	Ancymidol
ARI	:	Agricultural Research Institute
B	:	Boron
CCC	:	Cycocel
CD	:	Critical difference
CD	:	Coir dust
CEC	:	Cation exchange capacity
cm	:	Centimeter
cm^2	:	Square centimeter
CRD	:	Completely randomized design
cv	:	Cultivar
DAP	:	Days after planting
DAT	:	Days after Transplanting
DMSO	:	Dimethyl sulfoxide
Dr. Y.S.R.H.U	:	Dr. Y.S.R. Horticulture University
dS/ m	:	Desi Siemens per meter
EC	:	Electrical Conductivity
et al.	:	And others
etc	:	et cetera (and the rest)
Fe	:	Iron
Fig.	:	Figure
FYM	:	Farm yard manure
g	:	Gram (s)
GA_3	:	Gibberellic acid
HCl	:	Hydrochloric acid
H_2SO_4	:	Sulphuric acid
IARI	:	Indian Agriculture Research Institute
i.e.	:	That is
K	:	Potassium

LPG	:	Liquid petroleum gas
Mg	:	Magnesium
mg	:	milligram(s)
ml	:	milliliter (s)
N	:	Nitrogen
N	:	Normality
nm	:	nanometer (s)
no.	:	Number
NS	:	Non significant
P	:	Perlite
P	:	Phosporous
PGI	:	Plant growth index
%	:	Percent
PB	:	Pine bark
PBZ	:	Paclobutrazol
PGR	:	Plant growth retardants
pH	:	Hydrogen ion concentration
ppm	:	parts per million
RNA	:	Ribo nucleic acid
S	:	Sulphur
S.E m$\pm$	:	Standard error of mean
SP	:	Sphagnum peat
Spp	:	Species
T	:	Treatment
TPS	:	Total pore space
UF-2	:	University of Florida #2
WAP	:	Weeks after planting
WAT	:	Weeks after treatment
Viz.	:	Namely

CAPÍTULO 1

INTRODUÇÃO

Durante a última década, assistimos a uma mudança significativa no nosso sistema de habitação urbana. Atualmente, cada vez mais pessoas que vivem em apartamentos ou apartamentos de vários andares, com pouco ou nenhum espaço aberto disponível para jardinagem, dependem principalmente de vasos de plantas para dar um toque de verde. Mesmo aqueles que ainda vivem em bungalows extensos com jardins anexos dependem de plantas em vasos para a decoração interior das suas instalações. As plantas de folhagem são um grupo interessante de plantas ornamentais geralmente cultivadas pela sua folhagem atraente e que podem ser mantidas pela sua beleza durante períodos mais longos num ambiente interior. A sensibilização para a utilização destas plantas no interior e nos cantos sombrios dos jardins está a aumentar de dia para dia. Estas plantas são cultivadas principalmente no interior e exterior de casas residenciais, bungalows, salas de espectáculos, hotéis, restaurantes, edifícios institucionais públicos, escritórios, etc. Existe uma grande procura de plantas de folhagem tanto para o mercado interno como para o mercado de exportação.

Os Países Baixos são o maior produtor (547 hectares de estufa) de plantas de folhagem, com 64% das exportações (Bhattacharjee, 2006). Na Índia, os principais centros de produção de plantas de folhagem situam-se em torno de Bengaluru, Calcutá, Deli, Pune, Trivendrum e algumas cidades de Andhra Pradesh.

Entre um grande número de plantas de folhagem disponíveis para decoração de interiores, a aglaonema é uma importante e popular planta herbácea de folhagem ornamental perene com uma variegação foliar atractiva e tolerância a pouca luz. Pertence à família Araceae e é originária do Sudeste Asiático.

As plantas de folhagem com hábito de crescimento compacto são preferidas pelos consumidores. Uma vez que as plantas de folhagem são frequentemente produzidas à sombra e em estreita proximidade, tendem a esticar-se, a tornar-se pernaltas ou simplesmente a crescer demasiado nos seus vasos. Estas plantas são menos comercializáveis e mais difíceis de manter. Por conseguinte, na produção de plantas de folhagem em vaso, o controlo do crescimento das plantas através da aplicação de retardadores de crescimento tornaria as plantas mais robustas, compactas e atraentes. Outros efeitos dos retardadores químicos de crescimento são a produção de plantas mais robustas com caules mais grossos que produzem taxas de sobrevivência mais elevadas durante o transporte, para além do benefício estético de uma folhagem mais verde (Dole e Wilkins, 2004). As indústrias da folhagem e das plantas de interior
beneficiariam de um programa de reguladores de crescimento das plantas que reduziria ou eliminaria a necessidade de substituir ou podar as plantas (Pennisi, 2006). Durante vários anos, os floricultores comerciais utilizaram retardadores de crescimento químicos para modificar o crescimento das culturas. No entanto, até há pouco tempo, pouca atenção foi dada aos retardadores de crescimento para regular o crescimento e melhorar o aspeto das plantas de folhagem.

O meio de envasamento desempenha um papel importante no sucesso do cultivo de plantas de folhagem. No entanto, a maioria das plantas de folhagem tropicais em vasos são cultivadas em meios à base de turfa, geralmente turfa de esfagno. Esta não está facilmente disponível nas regiões tropicais. Por conseguinte, são necessários novos componentes de substrato que melhorem o crescimento das plantas de folhagem ou reduzam o custo de produção em comparação com os meios à base de turfa.

Tendo em conta os condicionalismos acima referidos, propõe-se uma investigação sobre o aglaonema com os seguintes objectivos

1. Estudar o efeito de retardadores de crescimento vegetal no crescimento e na qualidade da aglaonema cv. Ernesto's Favourite
2. Identificar o retardador de crescimento mais adequado para otimizar o crescimento e a qualidade da aglaonema cv. Ernesto's Favourite
3. Estudar o efeito de diferentes misturas de vasos no desempenho do crescimento e na qualidade da aglaonema cv. Ernesto's Favourite

CAPÍTULO 2

REVISÃO DA LITERATURA

As plantas de folhagem são um grupo interessante de plantas ornamentais geralmente cultivadas como plantas de vaso ou plantas ornamentais durante séculos. Este grupo de plantas é geralmente cultivado pela sua folhagem atraente e pode ser conservado pela sua beleza durante longos períodos num ambiente interior. Existe um grande número de plantas de folhagem disponíveis para a decoração de interiores. Entre estas, a aglaonema é uma das plantas de folhagem mais importantes.

As plantas de folhagem são uma das plantas cultivadas em contentor que podem beneficiar da utilização de PGRs (reguladores de crescimento de plantas) para controlar o tamanho da planta (altura e propagação). As plantas de folhagem tendem a ser exuberantes e arrojadas em tamanho, fazendo com que, por vezes, pareçam desproporcionadas em relação ao recipiente durante a produção. As exibições de plantas de folhagem em paisagens interiores exigem plantas arrumadas que não pareçam pernaltas e demasiado crescidas. Uma vez que as plantas de folhagem são frequentemente produzidas sob sombra intensa e em estreita proximidade, o controlo da altura das plantas através da aplicação de retardadores tornaria as plantas mais robustas e mais atraentes. Tem sido feita uma investigação aprofundada sobre a utilização de retardadores de crescimento no controlo da altura das árvores de fruto e das plantas ornamentais com flor, como a poinsétia e o crisântemo. Até recentemente, porém, a utilização de retardadores de crescimento em plantas de folhagem tinha recebido relativamente pouco interesse por parte dos investigadores.

O meio de envasamento tem um papel importante no crescimento e desenvolvimento corretos das plantas. A deficiência ou o excesso de qualquer nutriente pode levar a um crescimento incorreto. A disponibilidade de nutrientes também é determinada pela textura, estrutura, porosidade, capacidade de retenção de água e composição de elementos do meio. Mas não foi feito muito trabalho para padronizar os meios para aglaonema. No entanto, os investigadores de vários países relataram o crescimento de diferentes folhagens e plantas ornamentais em diferentes meios de cultivo. Assim, foram feitas tentativas para rever o trabalho efectuado sobre a resposta de várias plantas de folhagem a diferentes meios de cultivo.

A literatura pertinente no que diz respeito ao efeito de diferentes retardadores de crescimento de plantas e meios de envasamento em aglaonema é escassa. Em vista disso, foram feitas tentativas de rever o trabalho feito sobre as outras plantas de folhagem relacionadas em vários países e apresentadas em lugares apropriados no texto para melhor compreensão. O trabalho feito até agora sobre estes aspectos é revisto aqui sob diferentes títulos.

2.1 EFEITO DE RETARDADORES DE CRESCIMENTO NO CRESCIMENTO E NA QUALIDADE DA PLANTA ORNAMENTAL DE FOLHAGEM AGLAONEMA CV.ERNESTO'S FAVOURITE

Os retardadores de crescimento químicos são os reguladores de crescimento de plantas (PGRs) mais utilizados e comercialmente importantes na floricultura, que limitam o alongamento do caule de plantas cultivadas em contentores para produzir uma planta mais compacta (Gaston et al. 2002).

O paclobutrazol, o ancymidol e o chlormequat controlam eficazmente a altura de muitas culturas florícolas (Barrett e Bartuska, 1981; Barrette, 1982; McDaniel, 1983; Menhennett e Hanks, 1983 e Wilfret, 1981). Estes produtos químicos reguladores do crescimento afectam geralmente as giberelinas, que são responsáveis pelo alongamento dos rebentos, pelo que estes compostos anti-giberelina são normalmente utilizados para controlar a altura (Dole e Wilkins, 2004). Para obter a máxima eficácia, os retardadores de crescimento devem ser aplicados antes ou durante a fase de crescimento rápido para reduzir o alongamento dos entrenós (Dole e Wilkins, 2004). Os efeitos do alongamento do caule não podem ser revertidos; no entanto, a aplicação de retardadores de crescimento pode retardar o processo.

As aplicações no solo são geralmente mais precisas, mais previsíveis (Menhennett e Hanks, 1983), menos fitotóxicas e menos dependentes dos factores ambientais prevalecentes do que as aplicações por pulverização. O grande volume de produtos químicos necessários e a mão de obra exigida são desvantagens. (Tija e Sheehan, 1986).

Os retardadores de crescimento das plantas podem ser utilizados para o controlo da altura. No entanto, a taxa óptima de aplicação e a sensibilidade das plantas a cada retardador podem variar muito de uma espécie para outra. A aplicação destes retardadores requer muita cautela para eliminar a possibilidade de perda de culturas ou de prolongamento do tempo de produção. (Wang e Blessington, 1990).

2.1.1 Efeito do paclobutrazol na altura das plantas

Barrett e Nell (1983) relataram que as aplicações de paclobutrazol em drench de 5 e 10 mg/pot, 1 semana após a plantação, reduziram a altura da planta em 17 cm em Ficus benjamina do que em plantas não tratadas. As aplicações do mesmo drench reduziram a altura da planta em 21 cm em plantas podadas. O menor aumento de altura nas plantas tratadas deveu-se a reduções no alongamento dos entrenós.
Isto resultou em ramos rígidos em plantas que não apresentavam o hábito de choro típico do Ficus benjamina não tratado.

Le Cain et al. (1986) relataram que a aplicação de paclobutrazol no solo de 0,125 mg a.i a 8,0 mg a.i/10 cm de vaso em figueira-da-índia (Ficus benjamina) apresentou um atraso na altura da planta e no comprimento do entrenó. Todas as respostas medidas foram retardadas linearmente com o aumento da concentração.

Pulley e Davis (1986) aplicaram doses de paclobutrazol de 0,1 e 0,5 mg a.i. por vaso a cróton (Codiaeum variegatum), ficus (Ficus benjamina), hera sueca (Plectranthus forsteri) e joia errante (Tradescantia zebrina) e registaram uma redução significativa do crescimento dos rebentos das quatro espécies oito semanas após o tratamento.

Mansour e Poole (1987) relataram que o paclobutrazol reduziu a altura das plantas de Peperomia obtusifolia e Diffenbachia maculate 'Camille' 3 meses após a aplicação. Em Peperomia obtusifolia, foram registadas reduções na altura da planta até 35% (da altura das plantas não tratadas) em plantas tratadas com paclobutrazol (0,25 mg a.i/pot). Em Diffenbachia maculate 'Camille', os tratamentos com paclobutrazol causaram uma redução altamente significativa na altura da planta. O paclobutrazol não teve efeito significativo no crescimento de Schefflera arboricola e philodendron scandens.

Cox e Whittington (1988) relataram que a aplicação de paclobutrazol (0,12 - 2,0 mg a.i/pot) (40 DAP) resultou numa maior redução da altura do que a pulverização em plantas de alumínio (Pilea cadierei).

Poole e Conover (1988) descobriram que o paclobutrazol encharcado a o.5, 1.0, 1.5, 2.0 mg/pot retardou grandemente o crescimento de Codiaeum variegatum cvs. 'Norma' e 'Banana'. Além disso, referiu que Ficus lyrata e Radermachera sinica necessitavam de taxas ligeiramente mais elevadas do que as outras para controlar a altura e os comprimentos internodais após 4 meses de aplicação.

Henny (1990) verificou que as doses de paclobutrazol de 0,75 a 3,0 mg a.i/pot controlavam ligeiramente o crescimento de Ficus elastica. Uma resposta moderada com as chuvas de paclobutrazol foi produzida com Dieffenbachia maculata e Peperomia obtusifolia a taxas de 0,06 a 0,25 mg a.i. Syngonium podophyllum também produziu uma resposta moderada de crescimento a 0,1 a 1,0 mg a.i. Uma resposta alta às chuvas de paclobutrazol foi produzida com Ficus lyrita,
Plectranthus australis, e Zebrina pendula a taxas de 0,75 a 4,0, 0,2 a 1,0, e 0,5 mg a.i/pot, respetivamente.

Wang e Blessington (1990) relataram que a aplicação de paclobutrazol no solo (0,20, 0,40, 0,60, 0,80 mg/pot) em Syngonium podophyllum cv. White Butterfly resultou em plantas curtas, retardando o alongamento do caule e do pecíolo. O crescimento dos rebentos foi reduzido em cerca de um terço à taxa mais baixa (0,20 mg/pot) após 3 meses de aplicação. Ocorreu uma grave redução do crescimento em Plectranthus australis, mesmo com as taxas mais baixas de paclobutrazol (0,20 mg/pot) aplicadas como irrigação do solo. A produção de rebentos laterais foi inibida 3 meses após a plantação. A aplicação de paclobutrazol no solo em C.variegatum 'Karen' resultou em menos rebentos laterais e controlou o alongamento dos rebentos a taxas crescentes. Em Brassaia actinophylla, o paclobutrazol a 0,20 mg/vaso reduziu o crescimento de novos rebentos em 11%. Concluíram que a aplicação de retardadores no final da produção em estufa reduziu acentuadamente o alongamento dos rebentos num ambiente interior, aumentando assim o valor estético destas espécies.

Hagiladi e Watad (1992) afirmaram que, em Cordyline terminalis 'Prince Albert', o paclobutrazol como um drench de solo reduziu efetivamente o comprimento dos rebentos ou a altura das plantas ao aumentar as concentrações (8, 40, 200 mg a.i/pot) 4 meses após a aplicação. A aplicação de paclobutrazol a 200 ppm

(40 mg a.i/pot) deu um produto compacto desejável e comercializável. As aplicações de drench em concentrações mais elevadas (200 mg e 40 mg a.i/pot) resultaram na formação de rebentos laterais nas partes inferiores da planta.

Poole e Conover (1992) trataram a begónia-anjo (Begonia coccinea), a schefflera (Schefflera actinophylla), o cróton "Petra" (Codiaeum variegatum), o pothos dourado (Scindapsus auresh), o maracujá-roxo (Gynura aurantiaca), o hibisicus "Duda Red" (Hibisicus spp), o hibisicus "Double White" (Hibisicus spp.) e a rademachera 'China Doll' (Rademachera sinica) com doses de paclobutrazol no substrato entre 0,25 e 1,0 mg a.i. por vaso e relataram que plantas mais curtas e menores de todas as oito espécies foram produzidas com uma dose de paclobutrazol de 11 WAT.

Conover (1994) avaliou o desempenho do crescimento da begónia (Begonia coccinea) utilizando paclobutrazol entre 0,12 e 0,50 mg a.i. por vaso e relatou que todos os tratamentos com paclobutrazol produziram plantas mais pequenas quando comparadas com as plantas não tratadas aos 16 WAT.

Wang e Gregg (1994) afirmaram que as aplicações de paclobutrazol (0,1-1,0 mg/pot) foram eficazes na supressão do alongamento do caule e produziram caules mais grossos no pothos dourado 6 semanas após a aplicação. Após 10 semanas em ambiente interior, as plantas previamente tratadas com retardante apresentavam menor alongamento do caule do que o controlo. A redução geralmente aumentou com a taxa de concentração.

Conover e Satterthwaite (1996) relataram que o tratamento por aspersão com paclobutrazol à taxa de 4 mg a.i/pot (250 ml/pot) em pothos dourados 1 semana após o transplante produziu as plantas mais desejáveis no que respeita ao comprimento da videira.

Pennisi et al. (2003) mostraram que as aplicações de paclobutrazol (0,5, 1,5, 2,5 ou 3,5 mg a.i) em 3 cultivares de difenbachia Camille, Panther e Comouflage um mês antes do tamanho comercializável interromperam eficazmente o crescimento das plantas, reduzindo a altura das plantas para 20-50 por cento, dependendo das concentrações e das cultivares.

Won Eun Jeong e Jeong Byoung Ryong (2007) fizeram experiências sobre o efeito do paclobutrazol em diferentes concentrações (0,5, 1,0, 1,5 ou 2,0 mg/lit) fornecido a uma solução nutritiva recirculada num sistema de fluxo e refluxo em vasos de Spathiphyllum cvs. TopPin e Mini. Ele concluiu que o paclobutrazol foi mais eficaz na inibição do aumento da altura da planta, largura da planta e comprimento do pecíolo. O efeito aumentou com o aumento da concentração de paclobutrazol e também foi acompanhado por um aumento no conteúdo de clorofila, comprimento da folha e área da folha. A fitotoxicidade foi observada a 2,0 mg de paclobutrazol/litro.

2.1.2 Efeito do antimidol na altura das plantas

Cathey (1975) estudou o efeito de retardadores de crescimento aplicados sob a forma de pulverizações foliares ou de encharcamento do solo em vasos de plantas de 88 espécies, incluindo 25 espécies de árvores. Concluiu que o antimidol retardava o crescimento de muitas espécies, incluindo quatro espécies de acero, Betula papyrifera, Tilia cordata e Ulmus spp. A altura das plantas foi drasticamente reduzida, com e número de nós.

Joiner et al. (1978) observaram que cinco níveis de concentrações de ancimidol (0, 0,22, 0,44, 0,66 e 0,88 mg a.i/29 cm de vaso) reduziram o crescimento das plantas em dieffenbachia cv. 'Baraquiniana'. Os melhores níveis de ancimidol foram encontrados em 0,66 mg ai/29 cm de vaso.

Blessington e Link (1980) relataram que a aplicação de ancymidol no solo 2 semanas após a plantação de Brassaia actinophylla, Fatshedera lizei, Philodendron scandens subsp. oxycardium e Tradescantia fluminensis em concentrações de 0,25, 0,5 e 1 mg/15cm de vaso retardou o seu crescimento e alongamento enquanto cresciam em estufa sob procedimentos específicos de aclimatação.

Blessington et al. (1980) registaram o comprimento mais curto do entrenó com o tratamento por imersão de ancymidol (0,5 mg/pot) em Epipremnum aureum aplicado 9 WAP. As concentrações de ancymidol de 0,50 e 0,75 mg/pot foram mais eficazes na diminuição do comprimento do caule quando comparadas com plantas de controlo.

Clark e Hackett (1981) mostraram que o crescimento da forma juvenil de Hedera helix foi grandemente suprimido pelo tratamento do solo com o retardador de crescimento ancymidol. As plantas tratadas eram mais pequenas em estatura, tinham menos nós e entrenós mais curtos e acumulavam menos peso seco do que as plantas não tratadas.

Collins e Blessington (1981) notaram que em Peperomia obtusifolia, o antimidol em concentrações mais elevadas de 0,5 e 1 mg/pot reduziu o comprimento do entrenó e a altura da planta em comparação com plantas não tratadas em estufa até 27 semanas.

Barrett e Nell (1983) referiram que a aplicação de ancymidol (10 mg/pot) por imersão reduziu a altura das plantas em 4 cm relativamente às plantas não tratadas em Ficus benjamina.

Mansour e Poole (1987) descobriram que o tratamento com ancymidol (0,25-1,0 mg/pot) reduziu a altura das plantas de Peperomia obtusifolia e Diffenbachia maculate 'Camille' 3 meses após a aplicação. O antimidol à taxa de 1mg a.i/pot reduziu a altura da planta em cerca de 30% em Peperomia obtusifolia. Em ambas as plantas, o efeito do antimidol na altura da planta foi significativo, mas inferior ao do paclobutrazol.

Wang (1987) registou uma redução da altura da planta de 40 e 60 por cento a 0,25 mg/pot e 1 mg/pot de ancymidol, respetivamente, em Syngonium podophyllum 'White Butterfly'. O comprimento total dos 3 entrenós superiores foi reduzido para 50 por cento a 25 por cento do controlo 6 semanas após o tratamento. Houve mais rebentos laterais nas plantas tratadas com antimidol. O alongamento de novos caules no rebento principal foi reduzido para 63% e 41% do controlo com 0,25 mg e 1 mg/pot respetivamente. O exame visual indicou que o alongamento do entrenó nos rebentos laterais também foi reduzido pelo ancymidol, o que fez com que muitas folhas dos rebentos laterais permanecessem na parte inferior das plantas, dando um aspeto muito mais cheio às plantas tratadas.

Pennisi (2006) avaliou os tratamentos com ancymidol em Geogenanthus 'Inca' (Geogenanthus spp.) a 0,5 a 1,5 mg a.i/ vaso aplicados 12 WAP e registou plantas mais curtas com desempenho superior quando comparadas com plantas não tratadas 16 semanas após a aplicação. Concluiu que as plantas tratadas com ancimidol a 0,50 mg a.i/vaso produziram as plantas 'Inca' visualmente mais proporcionais com o menor custo químico por vaso.

Burton et al. (2007) relataram que as aplicações de ancymidol (0,5, 1,0 ou 1,5 mg/pot) a Geogenanthus undatus 'Inca' no final do ciclo de produção resultaram num controlo significativo do crescimento e, por conseguinte, num desempenho superior das plantas ao longo do período pós-colheita.

2.1.3 Efeito do cycocel na altura das plantas

Lai e Thomas (1980) relataram que os coleus não responderam a encharcamentos do solo com 10g /lit de Cycocel por vaso.

Won Eun Jeong e Jeong Byoung Ryong (2007) mostraram que a CCC a 300, 400, 500 ou 600 mg/lit fornecida a uma solução nutritiva recirculada num sistema de fluxo e refluxo em vasos das cultivares de Spathiphyllum Top-Pin e Mini reduziu a altura das plantas, mas causou sintomas fitotóxicos e a mortalidade das plantas, especialmente em concentrações elevadas.

2.1.4 Efeito dos retardadores de crescimento no número de folhas

Blessington et al. (1980) não observaram queda de folhas e observaram uma folhagem mais verde escura do que as plantas de controlo com tratamentos com ancimidol em Epipremnum aureum e Pilea depressa 6 semanas após a aplicação.

Le Cain et al. (1986) investigaram o efeito de doses de paclobutrazol no solo de 0,125 mg a.i. a 8,0 mg a.i. por vaso de 10 cm em figueiras-choronas (Ficus benjamina) e relataram que as plantas tratadas apresentavam um atraso na produção de folhas.

Wang (1987) verificou que o número de folhas novas foi apenas ligeiramente reduzido por aplicações de ancymidol (0,25, 0,50, 0,75, 1,0 mg/pot) em Syngonium podophyllum 'White Butterfly' em ambiente interior simulado durante 10 semanas.

Mansour e Poole (1987) relataram que paclobutrazol (0,0625-0,25 mg/pot) e ancymidol (0,25-1,0 mg/pot) não tiveram efeito no número de folhas em Diffenbachia maculate 'Camille' e Peperomia obtusifolia.

O tratamento com paclobutrazol imposto aos 40 dias após a plantação na planta de alumínio (Pilea cadierei) à taxa de 0,12-2 mg a.i/pot resultou numa perda mínima de folhas após 11 semanas no ambiente interior simulado. (Cox e Whittington, 1988).

Wang e Blessington (1990) relataram que a aplicação de paclobutrazol no solo (0,20, 0,40, 0,60, 0,80 mg/pot) em Syngonium podophyllum cv. White Butterfly não teve efeito sobre a taxa de produção de folhas. Em Brassaia actinophylla, o paclobutrazol diminuiu a taxa de produção de folhas em taxas altas e aumentou o comprimento do pecíolo da folha mais jovem nas taxas intermediárias. Também reduziu o número de folhas em Plectranthus australis.

Hagiladi e Watad (1992) notaram que as aplicações de paclobutrazol (8, 40, 200 mg a.i/pot) não afectaram a contagem de folhas, exceto a concentração mais elevada de aplicação, que reduziu a contagem de folhas em 10% na Cordyline terminalis.

Em pothos dourado, Wang e Gregg (1994) relataram que as aplicações de paclobutrazol (0,1-1,0 mg/pot) reduziram a taxa de produção de folhas do que os controlos em 6 semanas após a aplicação. Após 10 semanas num ambiente interior, as plantas tratadas com o retardador produziram folhas maiores e um peso fresco inferior ao das plantas não tratadas.

2.1.5 Efeito dos retardadores de crescimento na área foliar

Clark e Hackett (1981) mostraram que as plantas de Hedera helix tratadas com ancimidol tinham menos área foliar do que as plantas não tratadas.

Mansour e Poole (1987) relataram que os tratamentos com paclobutrazol (0,0625-0,25 mg a.i/pot) causaram uma redução altamente significativa na área foliar em Diffenbachia maculate 'Camille', mas os tratamentos com antimidol (0,25-1 mg a.i/pot) resultaram numa menor redução na área foliar do que o paclobutrazol. Ambos os retardadores não mostraram uma redução significativa na área foliar de Peperomia obtusifolia.

Wang e Gregg (1994) relataram que, no pothos dourado, a aplicação de paclobutrazol (0,1-1,0 mg/pot) produziu folhas maiores do que os controlos, resultando em maiores áreas foliares totais.

2.1.6 Efeito dos retardadores de crescimento no tamanho das folhas

Le Cain et al. (1986) relataram que a aplicação de paclobutrazol no solo nas taxas de 0,125 mg a.i. a 8,0 mg a.i. por vaso de 10 cm em figueira-da-índia (Ficus benjamina) exibiu um atraso no tamanho das folhas.

Mansour e Poole (1987) observaram que as folhas de plantas tratadas com paclobutrazol (0,0625-0,25 mg a.i/pot) foram torcidas em Diffenbachia maculate 'Camille'. O antimidol (0,251 mg a.i/pot) causou menos torção do que o paclobutrazol.

Em Syngonium podophyllum 'White Butterfly', Wang (1987) relatou que o ancimidol em todas as taxas (0,25, 0,50, 0,75, 1,0 mg/pot) aumentou a largura da folha superior e o comprimento da folha aumentou a 0,25 mg/pot em condições de estufa. O comprimento do pecíolo foi reduzido em quase 10% a duas taxas mais elevadas quando as plantas foram cultivadas em ambiente interior simulado. As taxas crescentes de antimidol aumentaram o comprimento e a largura da folha superior totalmente expandida. O ancymidol também aumentou o comprimento do pecíolo das folhas superiores. A queda das folhas durante as 10 semanas em ambiente interior foi mínima.

A aplicação de paclobutrazol no solo (0,20, 0,40, 0,60, 0,80 mg/pot) em Syngonium podophyllum cv. White Butterfly resultou no aumento da largura da lâmina foliar mais alta com o aumento das taxas de retardante, mas não teve efeito no comprimento da lâmina foliar (Wang e Blessington, 1990). Em Brassaia actinophylla, o paclobutrazol aumentou o comprimento do pecíolo da folha mais jovem nas doses intermédias.

Hagiladi e Watad (1992) relataram que as aplicações de paclobutrazol (8, 40, 200 mg a.i/pot) em Cordyline terminalis alteraram a morfologia da folha de uma forma estreita e alongada para uma forma mais oval à medida que a concentração do retardador aumentava. O paclobutrazol a 8 mg a.i/pot não teve qualquer efeito no comprimento das folhas, enquanto a aplicação de 40 mg a.i/pot causou uma redução de 21% no comprimento das folhas em comparação com o controlo. A 200 mg a.i/pot o alongamento da folha foi reduzido em 20% em comparação com o controlo. A largura da folha aumentou em função do aumento da concentração, exceto 200 mg a.i/pot; esta concentração resultou em folhas enroladas e, portanto, numa diminuição da largura da folha. O comprimento do pecíolo da folha foi reduzido por todas as concentrações.

Conover e Satterthwaite (1996) mostraram que o tratamento de 4 mg a.i/pot de paclobutrazol (250 ml/pot) aplicado em pothos dourados uma semana após o transplante produziu as plantas mais desejáveis, com base no tamanho médio das folhas e 5,3 mg a.i/pot de paclobutrazol (100 ml/pot) produziu um tamanho ótimo das folhas.

2.1.7 Efeito dos retardadores de crescimento nos parâmetros radiculares das plantas de folhagem

Johnson e Joiner (1978) mostraram que, em Ficus benjamina, o antimidol (0,5, 1, 1,5 mg a.i/pot) aplicado como drenagem foi medido no crescimento das raízes sem peso fresco após 8 meses.

Clark e Hackett (1981) mostraram que as plantas de Hedera helix tratadas com ancimidol tinham rácios rebentos/raízes mais baixos do que as plantas não tratadas. Barrett e Nell, 1983, observaram um aumento do número de raízes adventícias ao longo do caule de Ficus benjamina não podada tratada com 10 mg de paclobutrazol por via oral.

Mansour e Poole (1987) relataram que a cobertura do torrão foi mais afetada por tratamentos com ancymidol (com reduções até 57% da cobertura do torrão em plantas não tratadas) do que por tratamentos com paclobutrazol (causando reduções até 53%) em Peperomia obtusifolia. Em Diffenbachia maculate 'Camille', os tratamentos com paclobutrazol causaram uma redução altamente significativa na cobertura do torrão.

Burton et al. (2007) verificaram que o tratamento de irrigação com ancymidol (0,5, 1,0 ou 1,5 mg a.i/pot) na 12.ª semana de produção teve um peso seco de raiz mais elevado, rácios raiz/parte aérea em comparação com flurprimidol e plantas de controlo em Geogenanthus undatus.

2.1.8 Efeito dos retardadores de crescimento na qualidade das plantas

Mansour e Poole (1987) mostraram que as folhas de plantas tratadas com paclobutrazol (0,0625-0,25 mg a.i/pot) tinham pouca ou nenhuma variegação em Diffenbachia maculate 'Camille', enquanto que o anximidol (0,25-1,0 mg/pot) causou menos perda de variegação das folhas do que o paclobutrazol. Os conteúdos de clorofila (clorofila A e clorofila B) não foram afectados por ambos os químicos em Peperomia obtusifolia.

Wang (1987) relatou que as folhas de Syngonium podophyllum 'White butterfly' desenvolvidas após a aplicação de ancymidol (0,25 - 1 mg/pot) tinham um maior contraste entre as áreas verdes e variegadas.

Wang e Blessington (1990) relataram que as folhas novas de plantas tratadas com paclobutrazol (0,20, 0,40, 0,60, 0,80 mg/pot) pareciam ser mais espessas e mais verdes em Plectranthus australis do que as dos controlos.

Conover (1994) observou que os tratamentos com paclobutrazol de 0,12 e 0,25 mg a.i/vaso resultaram na melhor qualidade geral das plantas de begónia (Begonia coccinea).

Conover e Satterthwaite (1996) relataram que o tratamento de 4 mg a.i/pot de paclobutrazol (250 ml/pot) em pothos dourados uma semana após o transplante produziu as plantas mais desejáveis, com base no grau de planta e 5,3 mg a.i/pot de paclobutrazol (100 ml/pot) produziu os graus de planta mais elevados.

Pennisi et al. (2003) estudaram o efeito de aplicações de paclobutrazol por imersão (0,5, 1,5, 2,5 ou 3,5 mg a.i/pot) em 3 cultivares de difenbachia Camille, Panther e Comouflage um mês antes de atingirem o tamanho comercializável e concluíram que o aspeto estético das plantas tratadas com baixas concentrações foi bem mantido em comparação com as plantas de controlo.

Emily Anna Stefanskia (2008) relatou que as classificações de qualidade visual de Colocasia esculenta 'Gigantea' tratada com paclobutrazol (0,5, 1,0 e 2 mg a.i) foram consideradas significativas aos 3, 6 e 9 WAT.

2.2 EFEITO DO MEIO DE ENVASAMENTO NO CRESCIMENTO E NA QUALIDADE DA PLANTA ORNAMENTAL DE FOLHAGEM AGLAONEMA CV.ERNESTO'S FAVOURITE

O solo é o meio de cultura mais utilizado, com boa retenção de água e capacidade de troca catiónica. As desvantagens são o fraco arejamento e o peso elevado.

A turfa de Sphagnum é um dos componentes mais utilizados nas misturas para vasos de plantas de folhagem. Tem as qualidades de ser muito leve, com elevada capacidade de retenção de água, bom arejamento e capacidade de troca catiónica. Constitui geralmente 25 a 75 por cento do volume das misturas.

Cresswell (1992) referiu que a turfa de coco tem várias qualidades que a recomendam como substituto da turfa. Estas são a elevada capacidade de retenção de água, igual ou superior à da turfa de esfagno, a excelente drenagem, igual à da turfa de esfagno, a ausência de ervas daninhas e de agentes patogénicos, a maior resistência física (suporta melhor o enfardamento por compressão) do que a turfa de esfagno, o recurso renovável sem inconvenientes ecológicos para a sua utilização, a decomposição mais lenta do que a da turfa de esfagno, o pH aceitável, a capacidade de troca catiónica (CEC) e a condutividade eléctrica (CE) e a molhabilidade mais fácil do que a da turfa.

2.2.1 Efeito dos meios de cultura no crescimento das plantas

Poole e conover (1982) observaram que as plantas de Dieffenbachia maculate e Brassaia actinophylla que cresciam no meio de envasamento turfa/areia (3:1) eram consideradas superiores às plantas no meio turfa/casca/aparas (2:1:1).

Merrow (1994) relatou que o índice de crescimento e o peso seco superior de Pentas lanecolata, Ixora coccinea foram significativamente melhores num meio à base de coco do que num meio à base de turfa de junco. Pentas cresceu igualmente bem em meio à base de fibra de coco e de turfa de esfagno. O índice de crescimento e o peso seco superior da ixora foram significativamente mais baixos no meio à base de fibra de coco do que no meio à base de turfa de esfagno. Concluiu que o pó de coco parece ser um substituto aceitável do esfagno ou da turfa de junco em meios de recipientes sem solo.

Meerow (1995) observou que o índice de crescimento e o peso seco dos rebentos de Ravenea rivularis eram significativamente mais elevados no meio de terra batida do que no meio de turfa de junco. No caso do antúrio, o índice de crescimento e o peso seco dos rebentos foram apenas marginalmente mais elevados no meio de terra batida do que no meio de turfa de junco. Ambas as culturas cresceram igualmente bem no meio de fibra de coco e de turfa de esfagno. Confirmou-se que o pó de coco de alta qualidade parece ser um substituto aceitável do esfagno ou da turfa de junco em meios de recipientes sem solo.

Evans e Stamps (1996) mostraram que as plantas de calêndula 'Janie Bright Yellow' e de petúnia 'Blue Lace Carpet' aumentaram a altura das plantas e o peso fresco dos rebentos quando cultivadas em substratos à base de fibra de coco, em comparação com substratos à base de turfa de esfagno. As maiores alturas e pesos frescos de rebentos de petúnia e calêndula ocorreram num substrato com 80% de fibra de coco e 20% de perlite.

Evans e Iles (1997) observaram que o viburnum cultivado em 25 e 50 por cento de fibra de coco era mais alto do que as plantas cultivadas em substratos à base de turfa. As plantas de Preston lilac cultivadas em substratos à base de fibra de coco tinham alturas semelhantes às plantas cultivadas em substratos à base de turfa. Após duas épocas, o viburnum cultivado em 100% de fibra de coco tinha uma maior largura de planta do que as plantas cultivadas em 100% de turfa. Não se registaram diferenças significativas entre as plantas cultivadas em 25% e 50% de turfa ou fibra de coco. Não se registaram diferenças significativas na massa fresca dos rebentos entre as plantas de viburnum cultivadas em substratos à base de fibra de coco e de turfa. As plantas cultivadas em 75 por cento de fibra de coco tinham maior massa fresca de rebentos do que as plantas cultivadas em 75 por cento de turfa.

Numa experiência realizada por Stamps e Evans (1997) com três misturas de plantas de folhagem sem solo, nomeadamente Cornell [50 CD ou SP + 25 V + 25 P], Hybrid [40 CD ou SP + 30 V + 30 PB], University of Florida #2 [UF-2] [50 CD ou SP + 50 PB] usando SP (turfa de esfagno) ou CD (pó de coco) e casca de pinheiro (PB), vermiculite (V) e/ou perlite (P) em Dieffenbachia maculate 'Camille', verificou-se que não houve diferença significativa no índice de crescimento das plantas cultivadas em meio de pó de coco em comparação com as cultivadas em meio de turfa de esfagno, mas foi afetado pelo meio de cultivo (Cornell > Híbrido > UF-2). A massa da parte superior da planta foi mais pesada para o meio de coirdust em comparação com o meio de turfa de sphagnum, e Cornell > Híbrido > UF-2.

Stamps e Evans (1999) afirmaram que o crescimento e a qualidade de D. marginata foram reduzidos pela utilização de CD na mistura Cornell [50 CD ou SP + 25 V + 25 P], não tiveram efeito na mistura Hybrid [40 CD ou SP + 30 V + 30 PB] e aumentaram na mistura UF-2 [50 CD ou SP + 50 PB]. Spathiphyllum 'Petite' cresceu igualmente bem em todas as misturas de cultivo, independentemente de se utilizar CD ou SP. No entanto, as plantas cresceram mais em Cornell e Hybrid do que em UF-2.

Numa experiência realizada por Stamps e Evans (1999) com três misturas de plantas foliares sem solo, nomeadamente Cornell, Hybrid e University of Florida #2 [UF-2], utilizando SP (turfa de esfagno) ou CD (pó de coco) e casca de pinheiro (PB), vermiculite (V) e/ou perlite (P) em Dracaena marginata e Spathiphyllum 'Petite', verificou-se que o crescimento e a qualidade de D. marginata foram reduzidos com a utilização de CD na mistura Cornell [50 CD ou SP + 25 V + 25 P], não tiveram efeito no híbrido [40 CD ou SP + 30 V + 30 PB] e aumentaram na UF-2 [50 CD ou SP + 50 PB]. Spathiphyllum 'Petite' cresceu igualmente bem em todas as misturas de cultivo, independentemente de se utilizar CD ou SP. No entanto, as plantas cresceram mais em Cornell e Hybrid do que em UF-2.

Barrios et al. (2000) relataram que o aglaonema teve melhor desempenho em misturas de solo e areia (1:1) com composto aeróbico ou composto anaeróbico ou composto de terra quente ou esterco em termos de altura da planta, número de folhas e comprimento da folha.

Singh e Sidhu (2002) experimentaram com solo (controlo; T_0), mistura de cocopeat e solo (1:1; T_1), mistura de cocopeat e molde de folha (1:1, T_2) e cocopeat sozinho (T_3) como meio de envasamento em plantas de folhagem. Em Maranta bicolor, a altura máxima da planta (84,00 cm) foi registada na mistura de cocopeat e molde de folha (1:1), seguida pelo cocopeat sozinho (83,00 cm). Em Aglaonema costatum, o cocopeat sozinho produziu as plantas mais altas (43,00 cm), seguido pela mistura de cocopeat e molde de folha (1:1) (42,00 cm). Plantas significativamente mais altas foram observadas em Asparagus plumosus devido aos tratamentos com cocopeat e mistura de molde de folha (1:1) e cocopeat sozinho. Em Nephrolepis exaltata, não foi registada qualquer variação significativa. Não foram registadas diferenças significativas no número de caules em M. bicolor e A. plumosus, enquanto A. costatum e N. exaltata apresentaram uma variação significativa. Em A. costatum, o número máximo de caules foi registado sob controlo (3,00), mas em N. exaltata, o cocopeat isolado e a mistura de cocopeat e molde de folha (1:1) produziram o número máximo de caules (135,00).

Scagel (2003) afirmou que o número de caules e folhas, o peso seco do caule e das folhas e o comprimento total do caule aumentaram com o aumento da proporção de fibra de coco no meio para Kalmia latifolia, Rhododendron spp, Arctostaphylos uva-ursi, Gaultheria shallon, Pieris japonica e Vaccinium vitis-idaea.

Singh e Nair (2003) relataram que, em estacas de syngonium, dieffenbachia, dracaena cv. Gold Dust e sansevieria, o crescimento de rebentos foi promovido em terra vermelha + areia + mistura de composto na proporção 1:2:1. A altura da planta, o número de rebentos e o número de folhas foram máximos com a mistura de vasos 2:1:1, que foi igual à proporção de mistura de vasos 1:1:2.

Em antúrio cv. lady Jane, Gowda et al. (2005) descobriram que a altura da planta, o número de folhas por planta e a área foliar foram maiores quando as plantas foram cultivadas em meio de coirpith do que em coirpith vermicompostado, soilrite e solo + coirpith vermicompostado. O número de rebentos por planta durante o segundo ano da experiência foi mais elevado no meio de coirpite.

Samiei et al. (2005) registaram os valores mais elevados de área foliar, número de folhas e número de offset no cocopeat em Aglaonema commutatum cv. Silver Queen. A turfa e a turfa de palma não apresentaram diferenças significativas na maioria dos índices de crescimento.

Srinivasa (2006) observou que a medula de coco resultou na maior altura da planta, número de folhas, altura da copa, comprimento da folha, largura da copa e largura da folha em Anthurium andraeanum cv. Hondura do que o solo (controlo), casca de café, casca de café e medula de coco (1:1) e casca de café, medula de coco e solo (1:1:1). Ele concluiu que o solo era menos adequado como meio no que diz respeito aos caracteres vegetativos e reprodutivos.

Khayyat et al. (2007) verificaram que parâmetros como a frescura, o comprimento dos rebentos e o peso fresco e seco dos rebentos eram mais elevados no meio que continha apenas turfa de coco em 'golden pothos'. O número de rebentos foi mais elevado no meio que continha uma mistura igual de bolor das folhas + areia, em comparação com os outros meios. A área foliar e o número de folhas mais elevados foram registados na mistura de 1:3 de turfa + turfa de coco e na mistura de 3:1 de bolor foliar + turfa de coco, respetivamente. Concluiu-se que estas diferenças representam um efeito direto sobre o processo de enraizamento e que as caraterísticas do substrato são da maior importância para a qualidade das estacas enraizadas. em pothos dourado.

Khelikuzzaman (2007) constatou que o crescimento das plantas foi significativamente melhor quando a mistura de solo contendo 1 parte de cocopeat: 1 parte de solo superficial: 1 parte de areia foi usada como meio de envasamento. Proporcionou um peso fresco vegetativo significativamente elevado, maior número de caules e ramos secundários, bem como número de folhas, em comparação com outras misturas de solo em Tradescantia sp.

Chamani et al. (2008) afirmaram que a adição de vermicomposto teve efeitos positivos significativos nas taxas de crescimento e nos pesos frescos e secos, em comparação com os meios de controlo e turfa em Petunia hybrida 'Dream Neon Rose'. O desempenho das plantas foi melhor no meio com 20 por cento de vermicomposto. Além disso, o aumento do teor de vermicomposto no meio de base diminuiu as taxas de crescimento e os pesos fresco e seco. O desempenho das plantas foi mais fraco num meio com 60% de turfa de esfagno.

Jadwiga Treder (2008) concluiu que os lírios cultivados em cocopeat tinham melhor qualidade, expressa em maior peso fresco e seco das folhas.

Wazir et al. (2009) notaram que o meio de cultivo constituído por solo + cocopeat + vermicomposto + FYM + areia em proporções iguais por volume foi o melhor substrato para parâmetros vegetativos como a altura da planta e a propagação em alstroemeria.

Singh et al. (2009) relataram que o maior número de rebentos por planta (5,00) foi registado na combinação de tratamento envolvendo pó de serra + carvão de madeira + solo + areia + FYM na proporção de 2:1:1:1:1 em antúrio cv. 'Flame'. O meio de cultura constituído por solo + areia + FYM registou o menor valor para o crescimento. Ele afirmou que o melhor desempenho geral do antúrio cv. 'Flame' para os parâmetros como área foliar (229,11 cm^2) e comprimento do pecíolo (21,31 cm) foi registado no meio constituído por pó de serra + pedaços de tijolo + carvão de madeira + solo + areia + FYM na proporção de 2:1:1:1:1:1:1. O número máximo de folhas por planta (7,40) foi registado na combinação de tratamento envolvendo pó de serra + carvão de madeira + solo + areia + FYM na proporção de 2:1:1:1:1:1.

Ankita Dhaduk e Yadav (2010) revelaram que a rosa holandesa cv. Naranga cultivada num meio constituído por cocopeat + bolor de folhas (1:1) produziu uma planta mais alta (67,40 cm), maior comprimento de rebento (35,46 cm), número máximo de folhas e área foliar (35,46 cm^2) em comparação com os outros tratamentos.

Singh et al. (2010) verificaram que a altura máxima da planta, o número de folhas por planta e o diâmetro do rebento de Dieffenbachia amoena foram exibidos com meio de areia + solo (1:1).

El-Maadawy et al. (2011) observaram que a mistura de turfa + argila (2:1) e turfa + areia + argila (2:1:1) teve um efeito favorável no aumento da altura da planta, diâmetro do caule e parâmetros foliares (número de folhas, área foliar e pesos frescos e secos das folhas) quando comparada com outros meios de cultivo em Schefflera arboricola. turfa + areia (1:1) ou turfa + areia (2:1) reduziu estes parâmetros de crescimento para valores mínimos.

Farzad Nazari et al. (2011) sugeriram que parâmetros como o número de folhas e os pesos frescos e secos das folhas eram mais elevados na mistura contendo igual quantidade de areia: turfa de coco em comparação com outros meios em Hyacinthus orientalis cv. Sonbol-e-Irani.

Herath et al. (2011) mostraram que o meio de envasamento constituído por bolor de folhas + solo + areia na proporção 1:1:1 teve um desempenho significativamente mais elevado no que diz respeito ao peso fresco da planta (7,54 g), comprimento da folha (17,25 cm) do que pó de coco + composto + areia na proporção 1:1:1 (5,93 g, 13,68 cm) em Ophiopogon japonicus. Confirmou que leaf mould + solo + areia na proporção de 1:1:1 era o melhor meio de envasamento para o crescimento de O. japonicus do que pó de coco + composto + areia.

Shadi Karim et al. (2013) relataram que a aplicação de 50% e 75% de vermicomposto melhorou o crescimento e o desenvolvimento das plantas, aumentando a massa fresca e seca nos tecidos foliares, bem como a área foliar melhorada na azálea. No entanto, os níveis mais elevados de vermicomposto aplicados (100%) não tiveram efeitos desejáveis de melhoria.

2.2.2 Efeito dos meios de cultura nos caracteres radiculares

Merrow (1994) relatou que os pesos secos das raízes de Pentas lanecolata e Ixora coccinea eram significativamente melhores num meio à base de coco do que num meio à base de turfa de junco. O peso seco das raízes de Pentas lanecolata foi maior em meio à base de fibra de coco do que em meio à base de turfa de esfagno. Os pesos secos das raízes de ixora foram iguais no meio à base de fibra de coco e à base de turfa de esfagno.

Meerow (1995) concluiu que os pesos secos das raízes de Ravenea rivularis eram significativamente mais elevados no meio de fibra de coco do que no meio de turfa de junco. Para o antúrio, os pesos secos das raízes eram comparáveis no meio de turfa de coco e de junco. Para ambas as culturas, não houve diferença significativa no peso seco da raiz entre as plantas produzidas em meios à base de fibra de coco e à base de esfagno.

Numa experiência realizada por Evans e Stamps (1996) observou-se que as plantas de gerânio 'Pink Elite' cultivadas em substratos à base de fibra de coco tinham um peso fresco de raiz maior do que as cultivadas em substratos à base de turfa de esfagno. O maior peso fresco de raiz ocorreu num substrato com 80% de fibra de coco e 20% de perlite.

Evans e Iles (1997) afirmaram que o viburnum cultivado em 50 e 100 por cento de fibra de coco tinha maior massa fresca de raízes do que as cultivadas em substratos à base de turfa. Stamps e Evans (1999) observaram que as raízes de spathiphyllum 'Petite' apresentavam graus mais elevados quando cultivadas em pó de coco do que nos meios que continham turfa de sphagnum.

Stamps e Evans (1997) notaram que o grau e a massa das raízes de Dieffenbachia maculate 'Camille' eram iguais num meio à base de coco e de esfagno. Contudo, os graus e a massa foram afectados pela mistura de cultivo (Cornell > Hybrid > UF-2).

Singh e Sidhu (2002) relataram que o número de raízes diferiu significativamente devido ao meio em Maranta bicolor e Asparagus plumosus. Nephrolepis exaltata exibiu a raiz mais longa (35,00 cm) sob mistura de cocopeat e molde de folha (1:1), Aglaonema costatum sob cocopeat sozinho (23,00 cm) e M. bicolor sob mistura de cocopeat e solo (1:1) (36,00 cm).

Scagel (2003) relatou que o peso seco da raiz aumentou (Kalmia latifolia), diminuiu (Rhododendron, Gaultheria) ou não foi influenciado pelo aumento da proporção de fibra de coco no meio.

Singh e Nair (2003) relataram que, em estacas de syngonium, dieffenbachia, dracaena cv. Gold Dust e sansevieria, a mistura de terra vermelha + areia + composto na proporção de 1:2:1 promoveu o crescimento da raiz com a percentagem máxima de enraizamento e sobrevivência. O número de raízes primárias, o comprimento da raiz, a percentagem de sucesso e o enraizamento foram máximos com a mistura de envasamento 2:1:1 e foram iguais com 1:1:2.

Samiei et al. (2005) obtiveram os maiores valores para peso seco de raiz em cocopeat e os menores em baggasse em Aglaonema commutatum cv. Silver Queen. A turfa e a turfa de palma não apresentaram diferenças significativas na maioria dos índices de crescimento.

Em pothos dourado, Khayyat et al. (2007) verificaram que parâmetros como o peso fresco e seco da raiz e o número de raízes eram mais elevados no meio que continha apenas turfa de coco. O comprimento de raiz mais elevado foi obtido numa mistura de 1:3 de musgo de turfa/ turfa de coco.

Jadwiga Treder (2008) observou que os lírios cultivados em cocopeat tinham um sistema radicular significativamente melhor em comparação com os cultivados no substrato de controlo (turfa de esfagno, casca e areia de 5:1:1 v/v). O número de raízes dos bolbos e o comprimento total das raízes foram 34% e 118% mais elevados no cocopeat do que no meio de controlo, respetivamente.

Singh et al. (2009) referiram que o substrato constituído por solo + cocopeat (1:1) produziu um comprimento máximo de raízes (24,33 cm) e um número de raízes (3,85) em antúrio cv. 'Flame'.

Singh et al. (2010) descobriram que os caracteres da raiz, nomeadamente o número de raízes/planta, o comprimento da raiz, o diâmetro da raiz e os pesos fresco e seco das raízes/planta foram máximos com areia + FYM (1:1 v/v) em Dieffenbachia amoena.

El-Maadawy et al. (2011) afirmaram que a mistura de turfa + argila (2:1) e turfa + areia + argila (2:1:1) teve um efeito favorável no aumento dos pesos frescos e secos das raízes quando comparada com outros meios de cultivo em Schefflera arboricola. turfa + areia (1:1) ou turfa + areia (2:1) reduziu o parâmetro de raiz para valores mínimos.

Farzad Nazari et al. (2011) sugeriram que os pesos frescos e secos da raiz eram mais elevados na mistura contendo igual quantidade de areia: cocopeat em comparação com outros meios em Hyacinthus orientalis cv. Sonbol-e-Irani.

2.2.3 Efeito dos meios de cultura na qualidade das plantas

Stamps e Evans (1997) obtiveram as melhores notas de Dieffenbachia maculate 'Camille' em meios à base de coirdust do que em meios à base de turfa de sphagnum na produção em estufa.

Stamps e Evans (1999) afirmaram que a qualidade de D. marginata foi reduzida pelo uso de CD na mistura Cornell [50 CD ou SP + 25 V + 25 P], não teve efeito no híbrido [40 CD ou SP + 30 V + 30 PB] e aumentou na UF-2 [50 CD ou SP + 50 PB].

Scagel (2003) verificou que as folhas de Kalmia latifolia, Rhododendron spp, Arctostaphylos uva-ursi, Gaultheria shallon, Pieris japonica e Vaccinium vitis-idaea apresentavam um teor de clorofila mais elevado quando cultivadas em meios com adição de coco do que em meios com adição de turfa.

Bagci et al. (2011), em estudos sobre a prímula, determinaram que o pó de coco pode ser utilizado até 50% da composição total dos meios à base de pó de coco e turfa de musgo, quando os parâmetros de qualidade florícola foram considerados: 50% de pó de coco e 50% de turfa de musgo e 25% de pó de coco e 75% de turfa de musgo deram bons resultados, tanto quanto 100% de turfa de musgo.

El-Maadawy et al. (2011) revelaram que a mistura de turfa + argila (2:1) e turfa + areia + argila (2:1:1) teve um efeito favorável no aumento do teor de pigmentos e hidratos de carbono totais quando comparada com outros meios de cultura em Schefflera arboricola. O musgo de turfa + areia (1:1) ou o musgo de turfa + areia (2:1) registaram valores mínimos.

Farzad Nazari et al. (2011) verificaram que a qualidade visual era superior na mistura que continha uma quantidade igual de areia + turfa de coco em comparação com outros meios em Hyacinthus orientalis cv. Sonbol-e-Irani.

Jianjun Chen et al. (2002) relataram que a produção de aglaonema de qualidade pode ser alcançada com meios compostos de turfa de esfagno, casca de pinheiro, vermiculita ou perlita.

2.2.4 Efeito do meio de envasamento no teor de N, P e K das plantas

Estudos de análise de tecidos vegetais efectuados por Chamani et al. (2008) em Petunia hybrida 'Dream Neon Rose' revelaram que o N, P e K extraíveis totais eram mais elevados nas plantas cultivadas em meio com 60% de vermicomposto e eram mais baixos nas plantas cultivadas em meio com 60% de turfa de esfagno.

El-Maadawy et al. (2011) afirmaram que as misturas de turfa + argila (2:1) e turfa + areia + argila (2:1:1) tiveram um efeito favorável no aumento dos teores de N, P e K quando comparadas com outros meios de cultivo em Schefflera arboricola.

Scagel (2003) relatou que, dependendo da cultivar, o meio de cultivo com fibra de coco resultou em maior absorção ou disponibilidade de vários nutrientes do que o meio de cultivo com turfa. A absorção ou disponibilidade de N, P, K, Ca e S foi maior para várias cultivares, enquanto a absorção ou disponibilidade de Mg, Fe e B foi semelhante entre os meios à base de fibra de coco e turfa.

CAPÍTULO 3

MATERIAL E MÉTODOS

A presente experiência "Effect of plant growth retardants and media on growth and quality of aglaonema (Aglaonema nitidum) cv.Ernesto's Favourite" foi realizada na Floriculture Research Station, Rajendranagar, Hyderabad durante a estação rabi, 2012-13. Os pormenores dos materiais utilizados e dos métodos adoptados durante a presente investigação são elucidados neste capítulo.

3.1 LOCALIZAÇÃO GEOGRÁFICA E CONDIÇÕES CLIMATÉRICAS DO LOCAL DE EXPERIMENTAÇÃO

O local experimental situava-se na Floriculture Research Station, Rajendranagar, Hyderabad. Hyderabad insere-se numa zona climática subtropical árida, com uma precipitação média de 800 mm, situada a uma altitude de 542,3 m acima do nível médio do mar e a uma latitude de 17^0 90' N e longitude de 78°23' E . Os dados meteorológicos sobre a precipitação, a humidade relativa, as temperaturas mínima e máxima e as horas de sol em médias semanais registadas durante o período da experiência (setembro de 2012 a fevereiro de 2013), obtidos no observatório meteorológico do Agricultural Research Institute, Rajendranagar, ANGRAU, Hyderabad, são apresentados no Anexo I.

3.2 CARACTERÍSTICAS DO SOLO DO SÍTIO EXPERIMENTAL

O solo utilizado nas experiências era franco-argiloso arenoso com pH de 7,89 e CE de 0,168 dS/m. O solo tinha uma boa capacidade de drenagem e uma melhor capacidade de retenção de água.

3.3 MATERIAL DE PLANTAÇÃO

As experiências foram efectuadas com o aglaonema cv. Ernesto's Favourite. Para a realização das experiências, foram utilizadas plantas com um mês de idade obtidas num viveiro situado em Hyderabad.

3.4 CARACTERÍSTICAS DA CULTIVAR

A Ernesto's Favorite é nativa da Tailândia (Brown, 1984). É uma planta muito atractiva com folhas grandes, grossas, coriáceas e elípticas com cerca de 35 cm de comprimento. A variegação desta cultivar é uma faixa cinzento-prateada no meio da folha que tem cerca de metade da largura da folha e está centrada à volta da nervura central e verde brilhante ao longo da margem.

3.5 RETARDADORES DE CRESCIMENTO DE PLANTAS E MEIOS UTILIZADOS NA EXPERIMENTAÇÃO

Na primeira experiência foram utilizados produtos químicos retardadores de crescimento, nomeadamente paclobutrazol (Bonzi), ancymidol (A-rest) e cycocel (CCC).

Para a segunda experiência, foram utilizados os meios de envasamento: solo, areia, estrume de quintal, vermicomposto, cocopeat e turfa de esfagno misturados em várias proporções.

3.6 PORMENORES DA EXPERIÊNCIA

Para este estudo, foram realizadas duas experiências durante a época rabi de 2012-13. O esquema das experiências está representado nas figuras 1a e 1b.

3.6.1 Experiência - 1

"Efeito de retardadores de crescimento no crescimento e na qualidade da planta de folhagem ornamental aglaonema cv.Ernesto's Favourite"

Para esta investigação, foram utilizados quatro tipos de retardadores de crescimento como aplicação de drench e o tratamento sem aplicação de retardador de crescimento foi tomado como controlo. Os pormenores da experiência e as observações registadas são apresentados a seguir.

Tratamentos:

T1 - Paclobutrazol 0,0625 mg por aspersão/vaso

T2 - Paclobutrazol 0,125 mg por aspersão/vaso
T3 - Paclobutrazol 0,1825 mg por aspersão/vaso
T4 - Paclobutrazol 0,25 mg por aspersão/potência
T5 - Ancymidol 0,25 mg por aspersão/vaso
T6 - Ancymidol 0,50 mg por aspersão/vaso
T7 - Ancymidol 0,75 mg por aspersão/vaso
T8 - Ancymidol 1,00 mg por aspersão/vaso
T9 - CCC 500 ppm por imersão/potência
T10 - CCC 1000 ppm por aspersão/vaso
T11 - CCC 1500 ppm por aspersão/potência
T12 - CCC 2000 ppm por aspersão/potência
T13 - Controlo
Conceção: CRD
Número de tratamentos: 13
Número de repetições: 3
Número de plantas/replicação: 5

Placa 1: Vista de campo do sítio experimental 1

3.6.1.1 Preparação da mistura de envasamento

O solo recolhido da Estação de Investigação de Floricultura foi bem misturado com areia e vermicomposto na proporção de 2:1:1. Em seguida, foi enchido em vasos de barro de tamanho 12 "x12" (30 cm x 30 cm) deixando um espaço de 2 cm a partir do topo.

3.6.1.2 Transplantação de plantas de aglaonema

Plantas com um mês de idade de Aglaonema nitidum cv. Ernesto's Favourite foram transplantadas para os vasos no dia 1 de setembro de 2012 com uma bola de terra sem danificar as raízes. Imediatamente após a plantação, as plantas foram regadas com um rosecan. De seguida, os vasos foram colocados à sombra parcial.

3.6.1.3 Preparação de soluções retardadoras de crescimento

Paclobutrazol

As soluções de paclobutrazol para cada tratamento foram preparadas dissolvendo as quantidades necessárias do produto químico numa pequena quantidade de álcool metílico e o volume foi completado até um litro com água destilada.

Ancymidol

As soluções de antimidol foram preparadas dissolvendo as quantidades necessárias, de acordo com as concentrações de tratamento, numa pequena quantidade de álcool metílico e completando os volumes até um litro com água destilada.

Ciclocel

Foram preparadas soluções de cycocel de 500 ppm, 1000 ppm, 1500 ppm e 2000 ppm dissolvendo a quantidade calculada de produto químico (500 mg, 1000 mg, 1500 mg e 2000 mg) em água destilada e o volume foi completado até um litro.

3.6.1.4 Método e momento de aplicação dos retardadores de crescimento

Os retardadores de crescimento foram aplicados 30 e 60 dias após a transplantação, pelo método de "substrate drench" (aplicação direta no meio de cultura), à razão de 100 ml de solução por vaso.

3.6.1.5 Observações registadas

1. Altura da planta (cm)
2. Número de folhas / planta
3. Área foliar (cm^2)
4. Diâmetro do caule (cm)
5. Comprimento da copa (cm)
6. Largura do dossel (cm)
7. Clorofila-a (mg/g)
8. Clorofila b (mg/g)
9. Grau visual da planta
10. Classificação visual da cor

3.6.2 Experiência -2

"Efeito do meio de envasamento no crescimento e na qualidade da planta de folhagem ornamental aglaonema cv.Ernesto's Favourite"

Esta experiência foi realizada para descobrir os melhores componentes para um meio de cultivo de plantas de aglaonema. Cada componente da mistura foi adicionado em volume durante a preparação da mistura de envasamento. Seguem-se os pormenores da experiência.

Tratamentos:

Ti - Solo + Areia + FYM (2:1:1)

T2 - Solo + Areia + Vermicomposto (2:1:1)

T3 - Solo + Areia + FYM + Vermicomposto (2:1:1:0.5)

T4 - Cocopeat + Areia + FYM (2:1:1)

T5- Cocopeat + Areia + Vermicomposto (2:1:1)

T6 - Cocopeat + Areia + FYM + Vermicomposto (2:1:1:0.5)

T7 - Turfa de Sphagnum + Areia + FYM (2:1:1)

T8 - Turfa de Sphagnum + Areia + Vermicomposto (2:1:1)

T9 - Turfa de Sphagnum + Areia + FYM + Vermicomposto (2:1:1:0.5)

Conceção: CRD

Número de tratamentos: 9

Número de repetições: 3

Número de plantas/replicação: 5

3.6.2.1 Preparação da mistura de envasamento

Foram efectuados 9 tratamentos na experiência. Neste solo, o cocopeat e a turfa de sphagnum foram misturados com areia, FYM e vermicomposto em diferentes proporções (v/v). A mistura para envasamento foi preparada separadamente para cada tratamento, considerando o tamanho do vaso (12 "x12").

Os diferentes componentes do meio de cultura, de acordo com os pormenores do tratamento, foram cuidadosamente misturados com a ajuda de uma pá e depois enchidos nos vasos de barro, deixando um espaço de 2 cm a partir do topo.

3.6.2.2 Transplantação de plantas de aglaonema

Plantas com um mês de idade de Aglaonema nitidum cv. Ernesto's Favourite foram transplantadas para os vasos em 02nd de setembro de 2012 com uma bola de terra sem danificar as raízes. Imediatamente após a plantação, as plantas foram regadas com um rosecan. De seguida, os vasos foram colocados à sombra parcial.

3.6.2.3 Observações a registar:

1. Altura da planta (cm)
2. Número de folhas / planta
3. Comprimento da folha (cm)
4. Largura da folha (cm)
5. Área foliar (cm^2)
6. Índice de crescimento das plantas (cm)
7. Grau visual da planta
8. Classificação visual da cor
9. Peso fresco das raízes (g)
10. Peso seco das raízes (g)
11. Grau visual da raiz
12. Percentagem de azoto na folha (%)
13. Percentagem de fósforo na folha (%)
14. Percentagem de potássio na folha (%)

Placa 2: Vista de campo do sítio experimental 2

3.6.3 Detalhes das observações registadas

Os pormenores das observações registadas em cada tratamento e repetição durante o inquérito são apresentados em seguida, juntamente com o procedimento adotado.

3.6.3.1 Caracteres quantitativos

Altura da planta (cm)

A altura da planta foi medida da região do colarinho até o ponto mais alto da planta com a ajuda de uma escala de medição em intervalos mensais de 30 DAT a 150 DAT e expressa em centímetros.

Número de folhas por planta

O número total de folhas presentes na planta foi contado e registado em intervalos mensais de 30 DAT a 150 DAT.

Área foliar (cm^2) por planta

A média das áreas foliares das duas maiores folhas completamente desenvolvidas em cada planta foi considerada como área foliar e medida com a ajuda do medidor de área foliar LI 3100 em intervalos mensais de 30 dias a 150 dias após o transplante e expressa em centímetros quadrados.

Diâmetro do caule (cm)

O diâmetro do caule imediatamente acima da superfície do solo foi registado em intervalos mensais de 30 a 150 DAT com a ajuda de um compasso de vernier digital e expresso em centímetros.

Comprimento da copa (cm)

O comprimento do dossel foi medido a partir do ponto de início da produção de folhas no caule até a ponta da planta com a ajuda de uma escala de medição em intervalos mensais de 30 DAT a 150 DAT.

Largura do dossel (cm)

A propagação da planta nas direcções Este-Oeste e Norte-Sul foi medida com a ajuda de uma escala de medição em intervalos mensais de 30 DAT a 150 DAT e a propagação média foi calculada e expressa em centímetros.

Comprimento da folha (cm)

O comprimento médio das duas folhas desdobradas mais recentes foi considerado como comprimento da folha. O comprimento da folha desde o lóbulo basal até à ponta foi medido com a ajuda de uma escala de medição em intervalos mensais de 30 DAT a 150 DAT e expresso em centímetros.

Largura da folha (cm)

A largura média das duas folhas desdobradas mais recentes foi considerada como largura da folha e medida com a ajuda de uma escala de medição em intervalos mensais de 30 DAT a 150 DAT e expressa em centímetros.

Peso fresco das raízes (g)

As plantas de Aglaonema de cada tratamento foram arrancadas depois de 150 dias após o transplante. As raízes foram cortadas da base da planta e limpas para remover o solo aderido e o peso fresco das raízes foi medido numa balança eletrónica. O peso fresco médio da raiz foi registado e expresso em gramas.

Peso seco das raízes (g)

Depois de separar o sistema radicular das plantas, o sistema radicular foi lavado para remover o solo aderente. As raízes de cada planta foram guardadas num saco de papel castanho e secas numa estufa de ar quente a uma temperatura de 70 °C até se obter um peso constante. Cada amostra seca foi então pesada numa balança eletrónica e o peso seco médio da raiz foi calculado para cada planta e expresso em gramas.

Índice de crescimento das plantas (cm^2)

Para cada planta, a altura (da base ao ponto mais alto da copa) e a largura (distância entre os dois pontos mais largos da copa) foram medidas no início e novamente no final (150 DAT). O índice de crescimento da planta (IGP) foi calculado utilizando a fórmula da variação líquida da altura da planta mais a variação líquida da largura da planta. (Merrow, 1995)

Clorofila a (mg) & Clorofila b (mg)

Os teores de clorofila "a" e "b" das folhas foram determinados pelo método do dimetilsulfóxido (DMSO), tal como descrito por Hiscox e Israeistam (1979). As folhas frescas, completamente maduras, foram trazidas do campo em sacos de polietileno e cortadas em pedaços. Cem mg de pedaços de folhas (sem nervuras) foram incubados em 7,0 ml de DMSO a 65°C durante 60 minutos. Após a incubação, o extrato foi decantado, descartando o tecido foliar. Em seguida, o volume foi completado até 10 ml com DMSO. A absorvância do extrato foi lida a 645 e 663 nm num espetrofotómetro (Systronics UV-VIS Spectrophotometer 118), utilizando DMSO como branco. O teor de clorofila (mg / g de peso fresco) foi calculado utilizando a fórmula de Shoaf e Lium (1976).

$$\text{Chlorophyll 'a'} = \frac{12.7\,(A663) - 2.69(A645) \times \text{Volume made}}{\text{Wt. of the sample} \times 10}$$

$$\text{Chlorophyll 'b'} = \frac{22.9\,(A645) - 4.68\,(A663) \times \text{Volume made}}{\text{Wt. of the sample} \times 10}$$

Onde, A= Absorvância a um comprimento de onda específico

3.6.3.2 Caracteres qualitativos

As observações sobre os parâmetros qualitativos foram registadas no final da experiência, ou seja, 150 dias após a transplantação, como a seguir se indica.

Grau visual da planta

As espécies de plantas de folhagem são classificadas de acordo com a sua plenitude, crescimento e aspeto visual, ou seja, textura, forma e padrão e tamanho da folhagem durante o período de crescimento. A classificação visual das plantas foi determinada seguindo um sistema de classificação numa escala de 1-5, em que 1 = morta, 2 = má qualidade, 3 = qualidade razoável, 4 = boa qualidade e 5 = excelente qualidade (Poole e Conover, 1992).

Classificação visual da cor

A folhagem da planta aglaonema foi classificada de acordo com a cor e a pigmentação, seguindo o sistema de classificação dado por Henny et al. (2008): 1 = cor pobre, 3 = boa, verde claro, 5 = excelente contraste verde escuro e prateado.

Grau visual da raiz

No final da experiência, foi avaliada visualmente a extensão das raízes brancas de aspeto saudável que cobriam o exterior da massa de solo, sendo 1 = 20% do torrão coberto de raízes, 2 = 20-40% do torrão coberto, 3 = 40-60% do torrão coberto, 4 = 60-80% do torrão coberto, 5 = 80% de cobertura. (Stamps e Evans, 1999)

3.6.3.3 Estimativa dos nutrientes das plantas

Preparação de amostras de plantas

A folha índice completamente madura foi recolhida aos 150 DAT de cada tratamento. As amostras de folhas recolhidas foram descontaminadas por lavagem com água normal, detergente a 0,2% (Teepol, grau de laboratório), HCl 0,1N, água destilada e, finalmente, com água destilada a dobrar. Estas amostras foram secas numa estufa a 60°C até se obter um peso constante. As folhas secas foram trituradas com um pilão e um almofariz.

Os procedimentos adoptados para a análise dos nutrientes são descritos sucintamente a seguir.

Digestão de amostras de plantas

Meio grama de amostra de folha seca em estufa e em pó foi colocado em frascos cónicos de 50 ml para digestão com ácido diacrónico (9:4; ácido nítrico: ácido perclórico). Foram adicionados 10 ml da mistura de diácidos e deixados durante a noite para a pré-digestão, sendo depois aquecidos a 100° C durante uma hora e a 250° C até se obter uma solução incolor e clara. Arrefeceu-se e o volume foi aumentado para 100 ml com água destilada. O mesmo foi utilizado para a estimativa de P e K.

Para a estimativa do azoto, 0,5 g de amostra de planta foi digerida utilizando 2 g de mistura de digestão constituída por sulfato de cobre, sulfato de potássio na proporção de 5:1 e 10 ml de ácido sulfúrico na unidade de digestão a 450°C até aparecer a cor verde clara.

Estimativa do azoto

O azoto foi determinado pelo método de Kjeldhal. Uma amostra de meio grama de planta digerida foi destilada utilizando uma unidade micro-Kjeldhal e o amoníaco libertado foi retido em ácido bórico contendo um indicador misto e titulado contra H2SO4 0,01 N (Jackson, 1973). O teor de azoto nas folhas foi expresso em percentagem.

Estimativa do fósforo

A amostra de planta digerida com diácidos foi utilizada para a determinação do fósforo total através do desenvolvimento da cor amarela de vanadomolibdénio fosfórico segundo o método de Jackson, 1973. A intensidade da cor amarela foi lida no espetrómetro (Systronics UV-VIS Spectrophotometer 118) a 470 nm. O teor de fósforo nas folhas foi expresso em percentagem.

Estimativa de potássio

O teor de potássio foi determinado por um fotómetro de chama com microprocessador, utilizando um filtro específico e uma chama de GPL. O digerido de diácidos diluído foi introduzido no atomizador através de um tubo capilar e a concentração foi lida diretamente no monitor. Foi calculado o teor de potássio em percentagem, com base no peso seco (Chapman e Pratt, 1961). O teor de potássio nas folhas foi expresso em percentagem.

3.7 ANÁLISE ESTATÍSTICA

Os dados recolhidos em várias observações durante o curso da investigação foram analisados estatisticamente adoptando o procedimento padrão de Panse e Sukhatme (1985) e as médias foram utilizadas para a comparação e interpretação dos resultados. Os dados do estudo foram submetidos a uma análise num desenho completamente aleatório. A significância foi testada pelo valor "F" a um nível de probabilidade de 5 por cento. A diferença crítica e o erro padrão das médias foram calculados para os efeitos e incorporados em tabelas para facilitar as comparações entre os tratamentos.

Fig.1a: Planta de implantação do sítio experimental 1

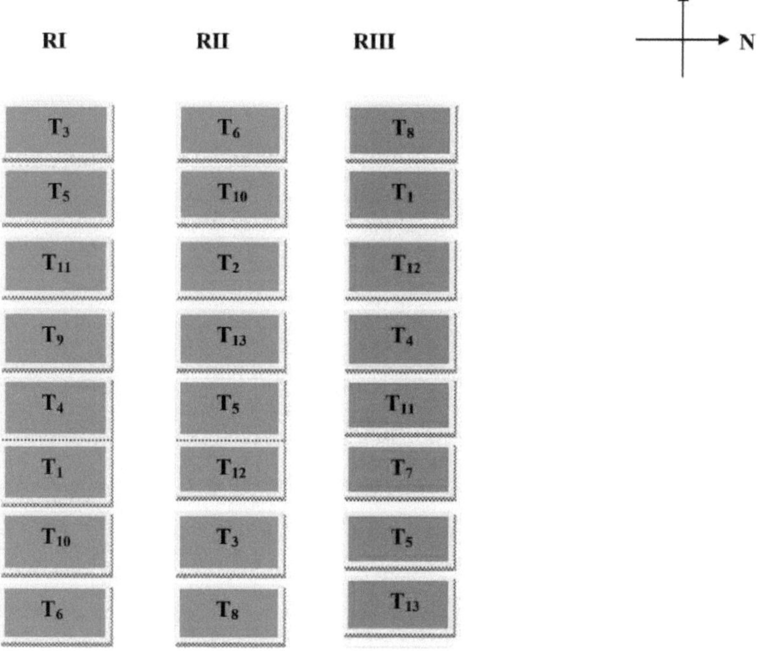

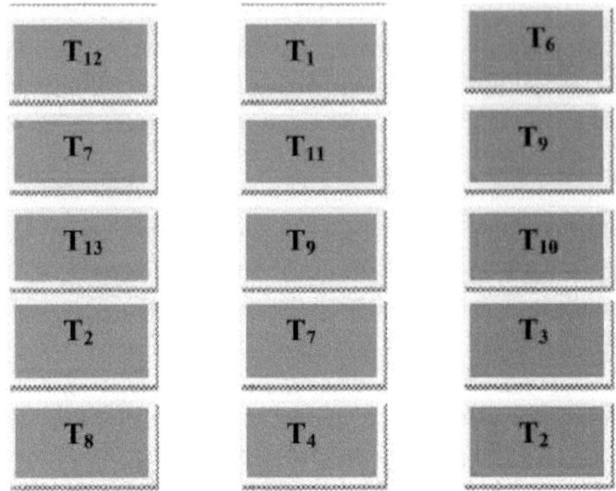

T1: Paclobutrazol 0,0625 mg/pot
T2: Paclobutrazol 0,125 mg/pot
T3: Paclobutrazol 0,1825 mg/pot
T4: Paclobutrazol 0,25 mg/pot
T5: Ancymidol a 0,25 mg/pot
T6: Ancymidol a 0,50 mg/pot
T7: Ancymidol a 0,75 mg/pot
T8: Antimidol a 1,00 mg/pot
T9: CCC a 500 ppm
T10: CCC a 1000 ppm
T11: CCC a 1500 ppm
T12: CCC a 2000 ppm
T13: Controlo
Conceção: CRD
Tratamentos: 13
Réplicas: 3

Fig.1b: Planta de implantação do sítio experimental

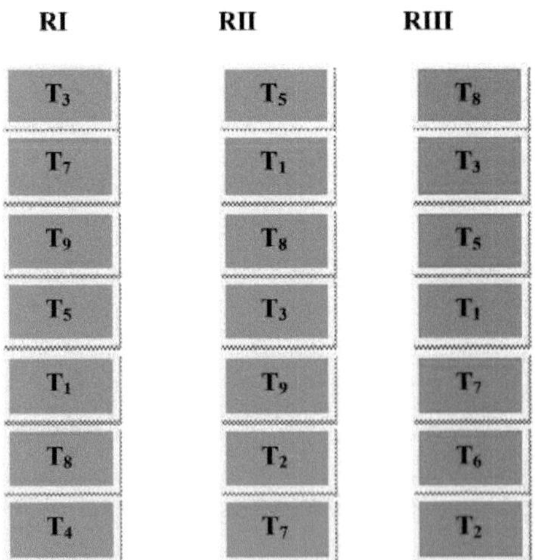

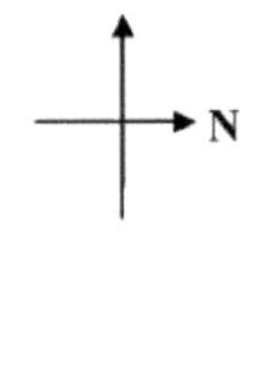

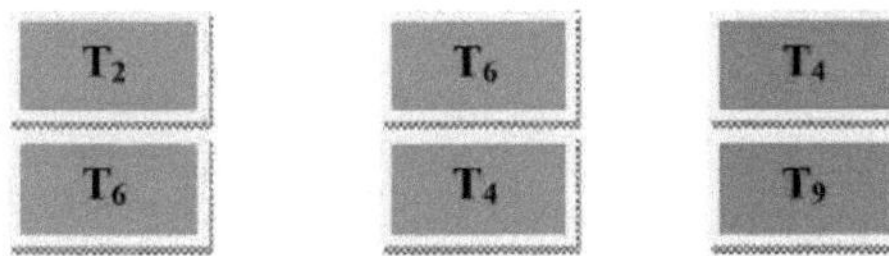

T1 - Solo + areia + FYM (2:1:1)
T2 - Solo + Areia + Vermicomposto (2:1:1)
T_3 - Solo + Areia + FYM + Vermicomposto (2:1:1:0.5)
T4 - Cocopeat + areia + FYM (2:1:1)
T5- Cocopeat + areia + Vermicomposto (2:1:1)
T6 - Cocopeat + Areia + FYM + Vermicomposto (2:1:1:0.5)
T7 - Turfa de Sphagnum + Areia + FYM (2:1:1)
T8 - Turfa de Sphagnum + Areia + Vermicomposto (2:1:1)
T9 - Turfa de Sphagnum + Areia + FYM + Vermicomposto (2:1:1:0.5)
Conceção: CRD
Número de tratamentos: 9
Número de repetições: 3

CAPÍTULO 4

RESULTADOS E DISCUSSÃO

Os resultados obtidos em duas experiências com aglaonema (Aglaonema nitidum) cv. Ernesto's Favourite são apresentados neste capítulo. O efeito de vários retardadores de crescimento e meios em diferentes parâmetros durante o período de crescimento do aglaonema foi analisado estatisticamente e apresentado neste capítulo. Os resultados são tabulados e discutidos sob os seguintes títulos, à luz da literatura disponível.

4.1 EFEITO DE RETARDADORES DE CRESCIMENTO NO CRESCIMENTO E NA QUALIDADE DA FOLHAGEM DA PLANTA ORNAMENTAL AGLAONEMA CV. A PREFERIDA DE ERNESTO

4.1.1 Altura da planta (cm)

Os dados relativos à altura das plantas registados aos 30, 60, 90, 120 e 150 dias após o transplante (DAT) sob a influência de diferentes tratamentos com retardadores de crescimento de plantas são apresentados no Quadro 1.

Aos 30 DAT não foram observadas diferenças significativas entre as médias dos tratamentos com retardantes de crescimento. No entanto, os tratamentos variaram significativamente na altura das plantas de aglaonema quando observados aos 60, 90, 120 e 150 dias após o transplante (DAT).

Aos 60 DAT (30 dias após a aplicação dos retardadores de crescimento), a menor altura de planta (35,08 cm) foi registada com o tratamento de irrigação com paclobutrazol a 0,1825 mg/pot (T3) e foi igual ao (T4) paclobutrazol a 0,25 mg/pot (35,23 cm). A maior altura de planta foi registrada com (T13) controle (37,81 cm), que foi igual a (T10) CCC a 1000 ppm (37,13 cm), (T11) CCC a 1500 ppm (37,07 cm), (T9) CCC a 500 ppm (36,91 cm) e (T12) CCC a 2000 ppm (36,86 cm) tratamentos de irrigação.

Aos 90 DAT (30 e 60 dias após a aplicação dos retardadores de crescimento), o paclobutrazol a 0,1825 mg/pot (T3) produziu as plantas mais curtas (40,56 cm) quando comparado com o controlo, que foi igual ao (T4) paclobutrazol a 0,25 mg/pot (40,63 cm) e (T2) paclobutrazol a 0,125 mg/pot (40,74 cm). As plantas de controle (T13) produziram plantas com altura máxima (44 cm), que foi igual a todos os tratamentos com cycocel (T12, T11, T9, T10) (43,51, 43,63, 43,86 e 44,84 cm).

Quadro 1: Efeito dos retardadores de crescimento vegetal na altura da planta (cm) em aglaonema cv. Ernesto's Favourite

Treatment (T)	Days After Transplanting (DAT)				
	30	60	90	120	150
(T_1) PBZ 0.0625 mg/pot	30.38	36.23^b	41.00^b	45.00^c	48.90^c
(T_2) PBZ 0.125 mg/pot	30.30	35.33^b	40.74^c	45.00^c	48.50^c
(T_3) PBZ 0.1825 mg/pot	28.90	35.08^c	40.56^c	44.14^d	47.53^d
(T_4) PBZ 0.25 mg/pot	29.43	35.23^c	40.63^c	44.28^d	47.70^d
(T_5) A-rest 0.25 mg/pot	28.91	36.16^b	42.03^b	46.80^b	50.70^b
(T_6) A-rest 0.50 mg/pot	29.21	35.77^b	41.00^b	45.77^c	48.10^c
(T_7) A-rest 0.75 mg/pot	30.40	36.06^b	41.13^b	45.33^c	48.70^c
(T_8) A-rest 0.1 mg/pot	30.80	36.48^b	42.75^b	46.20^b	49.55^c
(T_9) CCC 500 ppm	28.80	36.91^a	43.86^a	48.41^a	52.85^a
(T_{10}) CCC 1000 ppm	30.28	37.13^a	44.84^a	48.00^a	52.66^a
(T_{11}) CCC 1500 ppm	30.41	37.07^a	43.63^a	47.31^b	51.26^b
(T_{12}) CCC 2000 ppm	30.39	36.86^a	43.51^a	47.01^b	51.20^b

(T13) Control	30.40	37.81ª	44.00ª	48.83ª	53.01ª
S.Em.±	0.50	0.40	0.68	0.50	0.55
C.D at 5%	NS	1.18	1.98	1.47	1.61

Aos 120 DAT, o tratamento T3 (paclobutrazol 0,1825 mg/pot) produziu as plantas mais curtas (44,14 cm), que foi igual ao T4 (paclobutrazol 0,25 mg/pot) (44,28 cm). O tratamento T13 (controlo) produziu plantas com a altura máxima (48,83 cm), a par de T9 (CCC a 500 ppm) (48,41 cm) e T10 (CCC a 1000 ppm) (48 cm).

Aos 150 DAT (três meses após a aplicação dos retardadores de crescimento), a altura mais baixa da planta (47,53 cm) foi registada com o tratamento T3 (paclobutrazol 0,1825 mg/pot), que se verificou estar a par com o T4 (paclobutrazol 0,25 mg/pot) (47,70 cm). A maior altura de planta (53,01 cm) foi registada com T13 (controlo). Os tratamentos T9 (CCC a 500 ppm) (52,85 cm) e T10 (CCC a 1000 ppm) (52,66 cm) foram iguais ao controlo.

A partir dos resultados acima, foi evidente que não houve diferença significativa na altura da planta inicialmente, mas após a aplicação de retardadores de crescimento a altura da planta diminuiu em comparação com as plantas de controlo. Entre os três retardadores de crescimento, os tratamentos com paclobutrazol foram mais eficazes em retardar a altura das plantas de aglaonema. As doses de paclobutrazol de 0,0625 a 0,25 mg/pot produziram plantas 8% a 11% mais curtas em comparação com o controlo.

Estes relatórios estão em conformidade com os resultados de Mansour e Poole (1987) em dieffenbachia e peperomia. O paclobutrazol resultou em plantas mais curtas ao retardar o alongamento do caule e do pecíolo (Wang e Blessington, 1990) e tem uma grande importância no encurtamento dos entrenós do caule e na redução da altura da planta (Kumar e Purohit, 1998). A redução do comprimento dos entrenós pela aplicação de paclobutrazol também foi registada em Plectranthus australis, Zebrina pendula e Ficus benjamina (Davis, 1987), bem como em Gynura aurantiaca (Chen et al. 2002) e outras culturas de floricultura (Barrett et al. 1994). Retarda a altura da planta ao inibir a biossíntese do ácido giberélico (Rademacher, 1991), que é responsável pelo crescimento do caule e pelo alongamento dos rebentos. Estes resultados estão de acordo com as conclusões de Wang e Blessington (1990) em syngonium e schefflera, Cox e Whittington (1998) em planta de alumínio, Conover e Satterthwaite (1996) em pothos dourado, Poole e Conover (1988) em Codiaeum variegatum e Ficus lyrata.

4.1.2 Número de folhas/planta

Os dados registados sobre o número de folhas durante o período de crescimento da aglaonema cv. Ernesto's Favourite tratada com diferentes retardadores de crescimento são apresentados no Quadro 2.

Não houve diferença significativa entre os tratamentos para o parâmetro número de folhas aos 30, 60, 90, 120 e 150 DAT.

Estas conclusões estão em conformidade com os resultados obtidos por Mansour e Poole (1987) em Dieffenbachia maculata e Peperomia obtusifolia, Wang e Blessington (1990) em Syngonium podophyllum, Hagiladi e Watad (1992) em Cordyline terminalis e Qiansheng Li et al. (2009) em Pachira aquatica.

O paclobutrazol é um inibidor eficaz que bloqueia a biossíntese de giberelina através da inibição da kaurene oxidase, uma enzima que converte o kaurene em ácido kaurenóico (Wang et al. 1986). Quando a biossíntese de giberelina é bloqueada, a divisão celular ainda ocorre, mas as novas células não se alongam, o que resulta em rebentos com o mesmo número de folhas e entrenós comprimidos num comprimento mais curto (Chaney, 2003).

Quadro 2: Efeito dos retardadores de crescimento vegetal no número de folhas da aglaonema cv. Ernesto's Favourite

Treatment (T)	Days After Transplanting (DAT)				
	30	60	90	120	150
(T1) PBZ 0.0625 mg/pot	4.10	5.20	6.62	7.73	8.94

(T2) PBZ 0.125 mg/pot	3.50	5.65	6.15	7.32	8.06
(T3) PBZ 0.1825 mg/pot	4.25	5.83	6.25	7.51	8.22
(T4) PBZ 0.25 mg/pot	3.60	5.50	6.52	7.65	8.95
(T5) A-rest 0.25 mg/pot	3.78	5.62	6.85	8.25	9.19
(T6) A-rest 0.50 mg/pot	3.25	5.33	6.78	7.94	9.00
(T7) A-rest 0.75 mg/pot	4.27	5.50	6.82	8.13	9.26
(T8) A-rest 0.1 mg/pot	4.30	6.33	6.95	8.22	9.41
(T9) CCC 500 ppm	3.15	6.00	7.86	8.89	9.67
(T10) CCC 1000 ppm	4.00	6.50	7.64	8.64	9.16
(T11) CCC 1500 ppm	3.75	6.45	7.32	8.40	9.32
(T12) CCC 2000 ppm	3.87	6.73	7.15	8.35	9.49
(T13) Control	4.20	6.89	8.25	9.27	10.44
S.Em.±	0.35	0.39	0. 44	0.38	0.42
C.D at 5%	NS	NS	NS	NS	NS

4.1.3 Comprimento do dossel (cm)

Os dados apresentados na Tabela 3 revelam uma variação significativa entre o efeito de diferentes tratamentos de irrigação com retardadores de crescimento no comprimento da copa da planta de aglaonema dos 60 aos 150 DAT. Aos 60 DAT, a aglaonema tratada com paclobutrazol a 0,1825 mg/pot (T3) mostrou menor comprimento de copa (28,76 cm) que foi igual ao paclobutrazol a 0,25 mg/pot (T4) (28,93 cm) e paclobutrazol a 0,125 mg/pot (T2) (28,95 cm). Aglaonema não tratada com nenhum retardante de crescimento (controle) (T13) produziu o maior comprimento de copa (31,93 cm), que foi igual a todos os tratamentos com cycocel (T11, T9, T10 e T12) (31,77, 31,56, 31,23 e 30,90 cm)

Aos 90 DAT, a aglaonema tratada com paclobutrazol a 0,1825 mg/pot (T3) apresentou menor comprimento de copa (34,01 cm) que foi igual ao paclobutrazol a 0,25 mg/pot (T4) (34,03 cm) e paclobutrazol a 0,125 mg/pot (T2) (34,05 cm). Aglaonema não tratada com nenhum retardante de crescimento (controle) (T13) produziu o maior comprimento de copa (36,98 cm), que foi igual a todos os tratamentos com cycocel (T9, T10, T11 e T12) (36,42, 36,40, 36,00 e 35,85 cm).

Aos 120 DAT, o menor comprimento de copa (38,10 cm) foi registado em T3 (paclobutrazol a 0,1825 mg/pot) seguido por T4 (paclobutrazol a 0,25 mg/pot) (38,36 cm) e T2 (paclobutrazol a 0,125 mg/pot) (39,26 cm). O maior comprimento de copa foi registado em T13 (controlo) (41,86 cm) e todos os tratamentos com cycocel (T10, T9, T11 e T12) (41,30, 41,10, 41,06 e 40,90 cm) foram iguais ao controlo.

Um comprimento de copa significativamente mais curto (41,25 cm) foi registado em plantas tratadas com paclobutrazol a 0,1825 mg/pot (T3) e foi igual ao (T4) paclobutrazol a 0,25 mg/pot (41,30 cm) aos 150DAT. Plantas de controle (T13) que não foram tratadas com nenhum retardante de crescimento produziram o maior comprimento de copa (45,96 cm) que foi igual ao (T9) cycocel 500 ppm (45,26 cm), (T10) cycocel 1000 ppm (44,73 cm), (T11) cycocel 1500 ppm (44,27 cm) e (T12) cycocel 2000 ppm (44,28 cm) aos 150DAT.

As observações da tabela 3 confirmam que três meses após a aplicação de retardadores de crescimento, o comprimento da copa foi altamente reduzido pelo paclobutrazol a 0,1825 mg/pot e 0,25 mg/pot.

Tabela 3: Efeito dos retardadores de crescimento vegetal no comprimento da copa (cm) em aglaonema cv. Ernesto's Favourite

Treatment (T)	**Days After Transplanting (DAT)**				
	30	**60**	**90**	**120**	**150**
(T1) PBZ 0.0625 mg/pot	25.07	29.26^{b}	35.20^{b}	39.66^{b}	42.53^{b}

(T_2) PBZ 0.125 mg/pot	24.63	28.95^{c}	34.05^{c}	39.26^{c}	42.23^{b}
(T_3) PBZ 0.1825 mg/pot	25.53	28.76^{c}	34.01^{c}	38.10^{d}	41.25^{c}
(T_4) PBZ 0.25 mg/pot	24.87	28.93^{c}	34.03^{c}	38.36^{c}	41.30^{c}
(T_5) A-rest 0.25 mg/pot	24.53	30.90^{b}	35.42^{b}	40.70^{b}	43.08^{b}
(T_6) A-rest 0.50 mg/pot	25.22	29.66^{b}	34.29^{b}	39.50^{b}	42.00^{b}
(T_7) A-rest 0.75 mg/pot	26.16	30.32^{b}	35.48^{b}	39.42^{b}	42.63^{b}
(T_8) A-rest 0.1 mg/pot	26.10	30.43^{b}	35.43^{b}	40.46^{b}	42.50^{b}
(T_9) CCC 500 ppm	24.50	31.56^{a}	36.42^{a}	41.10^{a}	45.26^{a}
(T_{10}) CCC 1000 ppm	26.00	31.23^{a}	36.40^{a}	41.30^{a}	44.73^{a}
(T_{11}) CCC 1500 ppm	25.16	31.77^{a}	36.00^{a}	41.06^{a}	44.47^{a}
(T_{12}) CCC 2000 ppm	25.48	30.90^{a}	35.85^{a}	40.90^{a}	44.28^{a}
(T_{13}) Control	26.02	31.93^{a}	36.98^{a}	41.86^{a}	45.96^{a}
S.Em.±	0.41	0.50	0.43	0.38	0.59
C.D at 5%	NS	1.47	1.25	1.11	1.72

O comprimento do dossel da planta diminuiu devido ao retardamento do alongamento do pecíolo e do comprimento das folhas. A redução do comprimento do pecíolo devido à aplicação de retardadores de crescimento foi observada por Hagildi e Watad (1992) em Cordyline terminalis, Wang e Blessington (1990) em Syngonium podophyllum. A supressão do crescimento pelo paclobutrazol ocorre devido ao bloqueio de três passos na via dos terpenóides para a produção de giberelinas, ligando-se a compostos e inibindo as enzimas que catalisam as reacções metabólicas (Chaney, 2004). A redução do comprimento do pecíolo pela aplicação de paclobutrazol pode ser a razão para a redução do comprimento da copa em aglaonema. Resultados semelhantes foram relatados por Qiansheng Li et al. (2009) em Pachira aquatica.

4.1.4 Largura da copa (cm)

Foram observadas diferenças significativas entre os efeitos impostos pelos tratamentos de drench dos retardantes de crescimento em Aglaonema nitidum cv. Ernesto's Favourite para a largura do dossel aos 60, 90, 120 e 150 DAT (Tabela 4).

Quadro 4: Efeito dos retardadores de crescimento vegetal na largura do dossel (cm) em aglaonema cv. Ernesto's Favourite

Treatment (T)	**Days After Transplanting (DAT)**				
	30	**60**	**90**	**120**	**150**
(T_1) PBZ 0.0625 mg/pot	26.86	33.33^{b}	38.30^{b}	42.83^{c}	48.03^{c}
(T_2) PBZ 0.125 mg/pot	26.86	32.59^{c}	37.53^{c}	42.53^{c}	47.76^{c}
(T_3) PBZ 0.1825 mg/pot	27.40	32.20^{c}	37.06^{c}	41.06^{d}	44.63^{d}
(T_4) PBZ 0.25 mg/pot	28.66	32.53^{c}	37.18^{c}	41.22^{d}	45.60^{d}
(T_5) A-rest 0.25 mg/pot	27.83	33.16^{b}	38.53^{b}	43.86^{b}	50.30^{b}
(T_6) A-rest 0.50 mg/pot	28.21	34.21^{b}	39.21^{b}	43.55^{b}	46.93^{c}

(T_7) A-rest 0.75 mg/pot	28.26	34.26^{b}	39.60^{b}	43.68^{b}	48.88^{c}
(T_8) A-rest 0.1 mg/pot	27.80	33.46^{b}	38.80^{b}	44.46^{b}	50.70^{b}
(T_9) CCC 500 ppm	26.46	34.80^{a}	42.80^{a}	47.46^{a}	52.56^{a}
(T_{10}) CCC 1000 ppm	26.48	34.81^{a}	42.14^{a}	47.48^{a}	52.36^{a}
(T_{11}) CCC 1500 ppm	28.11	35.43^{a}	41.78^{a}	47.45^{a}	51.86^{a}
(T_{12}) CCC 2000 ppm	27.43	35.21^{a}	41.78^{a}	47.43^{a}	51.36^{b}
(T_{13}) Control	27.21	35.95^{a}	42.87^{a}	48.87^{a}	53.50^{a}
S.Em.±	0.50	0.56	0.38	0.51	0.71
C.D at 5%	NS	1.64	1.10	1.48	2.07

Aos 60 DAT, a aglaonema tratada com paclobutrazol a 0,1825 mg/pot (T3) mostrou menor largura de copa (32,20 cm), que foi igual ao paclobutrazol a 0,25 mg/pot (T4) (32,53 cm) e paclobutrazol a 0,125 mg/pot (T2) (32,59 cm). Aglaonema não tratada com nenhum retardante de crescimento (controle) (T13) produziu a maior largura de copa (35,95 cm), que igual a todos os tratamentos com cycocel (T11, T12, T10 e T9) (35,43, 35,21, 34,81 e 34,80 cm).

Aos 90 DAT, a aplicação de paclobutrazol a 0,1825 mg/pot (T3) registou a menor largura de copa (37,06 cm), que foi igual ao paclobutrazol a 0,25 mg/pot (T4) (37,18 cm) e paclobutrazol a 0,125 mg/pot (T2) (37,53 cm). No entanto, a maior largura de copa foi observada no controle T13 (42,87 cm) e foi igual a todos os tratamentos com cycocel (T9, T10, T11, T12) (42,80, 42,14, 41,78 e 41,78 cm).

Aos 120 DAT, o aglaonema tratado com paclobutrazol a 0,1825 mg/pot (T3) apresentou menor largura de copa (41,06 cm) e foi igual ao paclobutrazol a 0,25 mg/pot (T4) (41,22 cm). As plantas de controlo (T13) mostraram a maior largura de copa (48,87 cm) e foram iguais a todos os tratamentos CCC (T10, T9, T11 e T12) (47,48, 47,46, 47,45 e 47,43 cm).

Aos 150 DAT, no tratamento em que as plantas foram tratadas com paclobutrazol a 0,1825 mg/pot (T3), a largura da copa foi significativamente menor (44,63 cm) do que nos outros tratamentos e foi igual à do paclobutrazol a 0,25 mg/pot (T4) (45,60 cm). A maior largura de copa (53,50 cm) foi obtida com o controle (T13), que foi igual ao CCC 500 ppm, 1000 ppm e 1500 ppm (T9, T10 e T11) (52,56, 52,36 e 51,86 cm).

As observações da tabela 4 confirmam que, em geral, as plantas tratadas com paclobutrazol (0,1825 e 0,25 mg/pot) produziram plantas mais curtas no que diz respeito à largura da copa. A largura da copa da planta tratada pode ser reduzida pela redução do comprimento do pecíolo e da folha. A aplicação de paclobutrazol por imersão foi mais eficaz na redução do crescimento das plantas. A persistência de baixos níveis de paclobutrazol no meio de enraizamento permitiria um tempo de absorção mais longo e uma maior absorção do ingrediente ativo. De acordo com Barrett e Bartuska (1982), o paclobutrazol aplicado como um drench será absorvido pelas raízes e translocado para os tecidos em crescimento ativo através do xilema e inibirá a divisão celular através da inibição da síntese de giberelinas. Uma tendência semelhante nos resultados da largura da copa foi também observada por Emily Anna Stefanski (2008) em Colocasia esculenta e Xanthosoma violaceum e Asparagus densiflorus, Qiansheng Li et al. (2009) em Pachira aquatica.

4.1.5 Área foliar (cm^2)

A influência dos retardadores de crescimento vegetal na área foliar registada aos 30, 60, 90, 120 e 150 DAT é apresentada no Quadro 5.

Aos 30 DAT, a área foliar não diferiu significativamente entre as médias dos tratamentos. No entanto, os tratamentos diferiram significativamente em relação à área foliar aos 60, 90, 120 e 150 DAT.

Aos 60 DAT, o paclobutrazol a 0,25 mg/pot (T4) registou uma área foliar significativamente mais baixa (80,70 cm^2), que foi igual ao tratamento (T3) paclobutrazol a 0,1825 mg/pot (81 cm^2). A maior área foliar foi observada com cycocel a 2000 ppm (85,90 cm^2). Os tratamentos T10 (cycocel a 1000 ppm) (85,83 cm²), T13 (controlo) (85,46 cm²), T11 (cycocel a 1500 ppm) (84,96 cm²) e T9 (cycocel a 500 ppm) (84,93 cm²) também foram considerados iguais aos mais baixos.

Aos 90 DAT, as plantas tratadas com paclobutrazol a 0,25 mg/pot (T4) produziram folhas pequenas com uma área média de 100,36 cm². Em segundo lugar, folhas menores foram observadas em plantas de aglaonema tratadas com paclobutrazol a 0,1825 mg/pot (T3) (101,20 cm²), que foi igual ao paclobutrazol a 0,125 mg/pot (T2) (101,86 cm²) e paclobutrazol a 0,0625 mg/pot (102,46 cm²). Folhas maiores representando alta área foliar (106,63 cm²) foram observadas em plantas não tratadas com nenhum retardante de crescimento (controle) (T13), que foi igual a todos os tratamentos com cycocel (T9, T10, T11, T12).

Aos 120 DAT, as plantas de aglaonema que foram tratadas com paclobutrazol a 0,25 mg/pot (T4) produziram folhas com baixa área (123,36 cm²), que foi igual ao paclobutrazol a 0,1825 mg/pot (T3) (123,53 cm²). A área foliar máxima (130,13 cm²) foi observada em plantas que não foram tratadas com nenhum retardante (controlo) (T13). Todos os tratamentos com cycocel (T9, T10, T12 e T11) (129,70, 129,50, 128,90 e 128,30 cm²) também foram iguais aos mais baixos.

Aos 150 DAT, as plantas de aglaonema que foram tratadas com paclobutrazol a 0,25 mg/pot (T4) produziram folhas com baixa área (140,66 cm²), que foi igual ao paclobutrazol a 0,1825 mg/pot (T3) (141,16 cm²). A área foliar máxima foi observada em plantas que não foram tratadas com nenhum retardante (controlo) (T13) (150,93 cm²). Todos os tratamentos com cycocel (T12, T11, T9 e T10) (150,56, 149,96, 149,56 e 149,16 cm²) também foram iguais aos mais baixos.

Tabela 5: Efeito dos retardadores de crescimento vegetal na área foliar (cm²) em aglaonema cv. Ernesto's Favourite

Treatment (T)	Days After Transplanting (DAT)				
	30	60	90	120	150
(T_1) PBZ 0.0625 mg/pot	64.66	82.60^c	102.46^c	124.80^c	143.78^c
(T_2) PBZ 0.125 mg/pot	63.86	82.36^c	101.86^c	124.53^c	143.20^c
(T_3) PBZ 0.1825 mg/pot	64.66	81.00^d	101.20^c	123.53^d	141.16^d
(T_4) PBZ 0.25 mg/pot	62.66	80.70^d	100.36^d	123.36^d	140.66^d
(T_5) A-rest 0.25 mg/pot	64.20	83.73^b	104.40^b	127.73^b	146.86^b
(T_6) A-rest 0.50 mg/pot	63.23	82.80^b	103.03^b	125.52^c	144.56^b
(T_7) A-rest 0.75 mg/pot	63.93	82.86^b	103.60^b	126.23^b	145.26^b
(T_8) A-rest 0.1 mg/pot	62.86	83.90^b	104.05^b	126.93^b	146.86^b
(T_9) CCC 500 ppm	64.56	84.93^a	105.63^a	129.70^a	149.56^a
(T_{10}) CCC 1000 ppm	63.83	85.83^a	105.16^a	129.50^a	149.16^a
(T_{11}) CCC 1500 ppm	62.96	84.96^a	105.40^a	128.30^a	149.96^a
(T_{12}) CCC 2000 ppm	64.56	85.90^a	104.86^a	128.90^a	150.56^a
(T_{13}) Control	64.13	85.46^a	106.36^a	130.13^a	150.93^a
S.Em.±	0.48	0.39	0.58	0.66	0.88
C.D at 5%	NS	1.14	1.69	1.94	2.56

As observações do quadro 5 confirmam que, entre todos os retardadores de crescimento, o paclobutrazol (0,25 e 0,1825 mg/pot) reduziu a área foliar mais eficazmente do que os outros retardadores de crescimento. O efeito do CCC na área foliar foi nulo.

A redução no comprimento da folha pode ser a razão para a redução na área foliar em aglaonema pela aplicação de paclobutrazol. A aplicação de paclobutrazol reduziu o comprimento da folha em Cordyline terminalis (Hagiladi e Watad, 1992). O tamanho da folha também foi reduzido pelo paclobutrazol em figueira-chorona (Le Cain et al. 1986). A estrutura única do paclobutrazol, que lhe permite ligar-se a um átomo de ferro nas enzimas essenciais para a produção de giberelinas, também tem a capacidade de se ligar a enzimas. As modificações morfológicas das folhas induzidas pelo tratamento com paclobutrazol, tais como poros estomáticos mais pequenos e folhas mais espessas (Chaney, 2004), também teriam resultado na produção de uma área foliar reduzida. Estes resultados estão em consonância com os resultados anteriores de Mansour e Poole (1987) em dieffenbachia.

4.1.6 Diâmetro do caule (cm)

A influência dos tratamentos de irrigação com retardadores de crescimento no diâmetro do caule da aglaonema cv. Ernesto's Favourite é apresentada na Tabela 6.

Tabela 6: Efeito dos retardadores de crescimento vegetal no diâmetro do caule (cm) em aglaomema cv. Ernesto's Favourite

Treatment (T)	**Days After Transplanting (DAT)**				
	30	**60**	**90**	**120**	**150**
(T_1) PBZ 0.0625 mg/pot	0.82	1.30^{a}	1.64^{b}	2.00^{b}	2.21^{c}
(T_2) PBZ 0.125 mg/pot	0.77	1.32^{a}	1.61^{b}	2.06^{b}	2.59^{c}
(T_3) PBZ 0.1825 mg/pot	0.65	1.58^{a}	2.04^{a}	2.49^{a}	2.72^{b}
(T_4) PBZ 0.25 mg/pot	0.75	1.42^{a}	1.94^{a}	2.22^{a}	2.90^{a}
(T_5) A-rcst 0.25 mg/pot	0.75	1.15^{b}	1.54^{b}	1.75^{b}	1.83^{d}
(T_6) A-rest 0.50 mg/pot	0.85	1.29^{a}	1.63^{b}	1.94^{b}	2.25^{c}
(T_7) A-rcst 0.75 mg/pot	0.82	1.24^{b}	1.50^{b}	1.70^{b}	1.92^{d}
(T_8) A-rest 0.1 mg/pot	0.73	1.20^{b}	1.45^{b}	1.76^{b}	1.94^{d}
(T_9) CCC 500 ppm	0.84	1.00^{b}	1.23^{c}	1.40^{c}	1.64^{e}
(T_{10}) CCC 1000 ppm	0.68	0.98^{b}	1.23^{c}	1.40^{c}	1.67^{e}
(T_{11}) CCC 1500 ppm	0.72	1.05^{b}	1.30^{b}	1.45^{c}	1.68^{e}
(T_{12}) CCC 2000 ppm	0.68	0.95^{b}	1.32^{b}	1.52^{c}	1.69^{e}
(T_{13}) Control	0.75	0.90^{c}	1.00^{c}	1.32^{c}	1.46^{f}
S.Em.±	0.04	0.11	0.13	0.13	0.04
C.D at 5%	NS	0.33	0.38	0.38	0.14

Os tratamentos com retardadores de crescimento diferiram significativamente no diâmetro do caule da aglaonema aos 60, 90, 120 e 150 DAT, mas aos 30 DAT não foi significativo.

Aos 60 DAT, as plantas tratadas com paclobutrazol 0,1825 mg/pot (T3) apresentaram o diâmetro máximo do caule (1,58 cm), que foi igual ao T4 (paclobutrazol 0,25 mg/pot) (1,42 cm), T2 (paclobutrazol 0,125 mg/pot) (1,32 cm), T1 (paclobutrazol 0,0625 mg/pot) (1,30 cm) e T6 (ancymidol 0,50 mg/pot) (1,29 cm). O diâmetro mínimo do caule (0,90 cm) foi registado em T13 (controlo).

Aos 90 DAT, o tratamento T3 (paclobutrazol 0,1825 mg/pot) registou o maior diâmetro do caule (2,04 cm), que foi igual ao T3 (paclobutrazol 0,25 mg/pot) (1,94 cm). As plantas de controlo (T13) registaram o diâmetro do caule mais baixo (1,0 cm) e foram iguais às de T9 (CCC a 500 ppm) (1,23 cm) e T10 (CCC a

1000 ppm) (1,23 cm).

Aos 120 DAT, o maior diâmetro de caule (2,49 cm) foi obtido em plantas de aglaonema tratadas com paclobutrazol 0,1825 mg/pot (T3), que foi igual ao paclobutrazol 0,25 mg/pot (T4) (2,22 cm). O diâmetro mais baixo do caule foi observado em plantas não tratadas com nenhum retardante (controle) (T13) (1,32 cm), que foi igual ao das plantas tratadas com CCC 500 ppm (T9) (1,40 cm), CCC 1000 ppm (T10) (1,40 cm), CCC 1500 ppm (T11), (1,45 cm) e CCC 2000 ppm (T12) (1,52 cm).

Um diâmetro de caule significativamente alto foi registado com paclobutrazol 0.25 mg/pot (2.90 cm) (T4) seguido de paclobutrazol 0.1825 mg/pot (2.72 cm) (T3) aos 150 DAT. No entanto, o menor diâmetro do caule foi observado no controlo (T13) (1,46 cm).

As observações da tabela 6 confirmam que o paclobutrazol (0,25 e 0,1825 mg/pot) mostrou o efeito mais pronunciado na redução do crescimento do caule. A planta se torna anã, pois os entrenós não se alongam devido à aplicação de retardantes de crescimento como o paclobutrazol, como é evidente nos resultados obtidos na altura da planta em aglaonema (Tabela 1). O local de ação dos retardadores de crescimento é o meristema subapical. Esta diminuição do comprimento do caule é frequentemente acompanhada por um aumento da sua espessura.

O tratamento com retardadores de crescimento químicos resulta na produção de uma planta mais encorpada com caules mais grossos que produzem taxas de sobrevivência mais elevadas durante o transporte, juntamente com o benefício estético de uma folhagem mais verde (Dole e Wilkins, 2004). Estes resultados estão em consonância com os resultados anteriores de Wang e Gregg (1994) em pothos dourado com paclobutrazol.

4.1.7 Clorofila a (mg / g de peso fresco)

É evidente no quadro 7 que a clorofila 'a' diferiu significativamente com a aplicação de retardadores de crescimento.

Tabela 7: Efeito dos retardadores de crescimento vegetal na clorofila - a e clorofila - b (mg / gm peso fresco) em aglaonema cv. Ernesto's Favourite

Treatment (T)	**chlorophyll 'a'**	**chlorophyll 'b'**
	150 DAT	**150 DAT**
(T_1) PBZ 0.0625 mg/pot	16.59^b	6.15^b
(T_2) PBZ 0.125 mg/pot	16.50^b	6.58^a
(T_3) PBZ 0.1825 mg/pot	18.50^a	6.78^a
(T_4) PBZ 0.25 mg/pot	17.80^a	6.25^a
(T_5) A-rest 0.25 mg/pot	12.40^e	5.19^c
(T_6) A-rest 0.50 mg/pot	15.22^c	5.85^b
(T_7) A-rest 0.75 mg/pot	13.78^d	5.34^c
(T_8) A-rest 0.1 mg/pot	12.92^d	4.67^d
(T_9) CCC 500 ppm	9.21^g	3.46^e
(T_{10}) CCC 1000 ppm	10.10^f	3.72^e
(T_{11}) CCC 1500 ppm	10.53^f	3.80^e
(T_{12}) CCC 2000 ppm	11.17^e	4.43^d
(T_{13}) Control	8.26^g	3.23^f
S.Em.±	0.44	0.19
C.D at 5%	1.28	0.56

No final da experiência (150 DAT), o teor mais elevado de clorofila 'a' (18,50 mg/g de peso fresco) foi registado em T3 (paclobutrazol a 0,1825 mg/pot), que foi igual a T4 (paclobutrazol a 0,25 mg/pot) (17,80 mg/g de peso fresco). O teor mais baixo de clorofila 'a' (8,26 mg/g de peso fresco) foi registado em T13 (controlo), que foi igual ao de T9 (CCC a 500 ppm) (9,21 mg/g de peso fresco).

4.1.8 Clorofila b (mg / g de peso fresco)

Uma diferença significativa no conteúdo de clorofila b de aglaonema observada aos 150 DAT é mostrada na Tabela 7 e na Fig. 8.

O teor mais alto de clorofila b (6,78 mg/g de peso fresco) foi registado em T3 (paclobutrazol a 0,1825 mg/pot), que foi igual a T2 (paclobutrazol a 0,125 mg/pot) (6,58 mg/g de peso fresco), T4 (paclobutrazol a 0,25 mg/pot) (6,25 mg/pot). O teor mais baixo de clorofila b (3,23 mg/pot) foi registado no controlo (T13).

As observações da tabela 7 confirmam que as plantas tratadas com paclobutrazol geralmente têm folhas com uma cor verde rica, sugerindo um alto teor de clorofila. As possíveis explicações para essa resposta foram dadas por Chaney (2004). Uma delas é que as folhas das plantas tratadas e não tratadas contêm o mesmo número de células, mas como as células das folhas das plantas tratadas são mais pequenas, a clorofila está mais concentrada no volume celular reduzido. Além disso, a quantidade de clorofila aumenta devido a um aumento da produção de fitil, uma parte essencial da molécula de clorofila produzida através da mesma via terpenóide que as giberelinas. O tratamento com paclobutrazol, que bloqueia a produção de giberelinas, leva a um desvio dos compostos intermédios da síntese das giberelinas para a produção de ainda mais fitil. Uma analogia poderia ser um acidente que bloqueia o fluxo de tráfego numa autoestrada principal, fazendo com que os condutores se desviem para caminhos alternativos. Resultados semelhantes foram também obtidos por Wang e Blessington (1990) em Plectranthus australis.

4.1.9 Classificação visual das instalações

É evidente no quadro 8 que o grau visual das plantas diferiu significativamente com a aplicação de retardadores de crescimento.

O tratamento T3 (paclobutrazol a 0,1825 mg/pot) (4,57) a 150DAT registou uma qualidade visual elevada, ao passo que os tratamentos T2 (a 0,125 mg/pot) (4,42), T4 (paclobutrazol a 0,25 mg/pot) (4,30) e Tl (paclobutrazol a 0,0625 mg/pot) (4,21) também se situaram ao mesmo nível. O grau de planta mais baixo foi registado no controlo (T13) (3,38) que foi igual ao T10 (CCC a 1000 ppm) (3,38) e T9 (CCC a 500 ppm) (3,43).

Quadro 8: Efeito dos retardadores de crescimento vegetal no grau de planta e no grau de cor da aglaonema cv. Ernesto's Favourite

Treatment (T)	Plant grade	Colour grade
	150DAT	150DAT
(T_1) PBZ 0.0625 mg/pot	4.21^a	4.25^a
(T_2) PBZ 0.125 mg/pot	4.42^a	4.50^a
(T_3) PBZ 0.1825 mg/pot	4.57^a	4.60^a
(T_4) PBZ 0.25 mg/pot	4.30^a	4.45^a
(T_5) A-rest 0.25 mg/pot	3.91^b	3.85^b
(T_6) A-rest 0.50 mg/pot	4.04^b	4.00^b
(T_7) A-rest 0.75 mg/pot	4.00^b	3.91^b
(T_8) A-rest 0.1 mg/pot	3.98^b	4.00^b
(T_9) CCC 500 ppm	3.43^c	3.66^b
(T_{10}) CCC 1000 ppm	3.38^c	3.33^c
(T_{11}) CCC 1500 ppm	3.55^b	3.53^b

(T12) CCC 2000 ppm	3.56^b	3.85^b
(T13) Control	3.38^c	3.30^c
S.Em.±	0.17	0.18
C.D at 5%	0.50	0.54

Sistema de classificação de instalações onde
1= morto,
2 = má qualidade,
3 = Qualidade razoável,
4 = Boa qualidade
5 = Excelente qualidade
Sistema de classificação de cores em que
1= cor fraca,
3 = bom, verde claro,
5 = excelente, contraste verde escuro e prateado.

As observações da tabela 8 confirmam que o grau mais elevado de plantas foi observado em plantas tratadas com paclobutrazol. As razões podem ser o facto de o tratamento com paclobutrazol ter reduzido a queda dos folíolos (Qiansheng Li et al. 2009). O desempenho interior de Ficus benjamina, Radermachera sincica e Epipremnum aureum foi melhorado pela aplicação de paclobutrazol (Barrett e Nell, 1983; Poole e Conover, 1992).

Malik e Thind (1994) referiram que o paclobutrazol atrasa o aparecimento de várias hidrolases relacionadas com a senescência, nomeadamente proteases, RNase, etc., e também reduz a peroxidação lipídica tanto à luz como no escuro, o que resulta num atraso da senescência. Devido ao atraso na senescência, a atividade fotossintética de uma determinada folha continua durante um período mais longo . Além disso, as folhas também são mantidas na planta tratada com paclobutrazol por um período mais longo (Kumar e Purohit, 1998). Devido à persistência do paclobutrazol no solo, as aplicações por aspersão no solo podem manter o tamanho da planta durante muito tempo (Cox e Whittington, 1988). Considerou-se que a aplicação de paclobutrazol aumenta a resistência das plantas ao stress hídrico e à seca porque inibe o crescimento do caule e, consequentemente, a relação raiz/parte aérea torna-se mais baixa. Pensa-se que isto contribui para a sobrevivência da planta em condições de stress. Os resultados obtidos estão em consonância com as conclusões de Conover (1994) sobre a begónia de asa de anjo e Conover e Satterthwaite (1996) sobre o pothos dourado.

4.1.10 Classificação visual da cor

Os dados registados sobre o grau de cor da aglaonema cv. Ernesto's Favourite tratada com diferentes retardadores de crescimento são apresentados no quadro 8.

O grau de coloração visual de Aglaonema nitidum cv. Ernesto's Favourite foi significativo entre os tratamentos aos 150 DAT. O tratamento T3 (paclobutrazol a 0,1825 mg/pot) apresentou cor verde escura (4,60) e foi igual ao T2 (paclobutrazol a 0,125 mg/pot) (4,50), T4 (paclobutrazol a 0,25 mg/pot) (4,45) e T1 (paclobutrazol a 0,0625 mg/pot) (4,25). A taxa de cor mais baixa foi registada em T13 (controlo) (3,30), que foi igual a T10 (CCC a 1000 ppm) (3,33).

As observações da tabela 8 confirmam que as folhas das plantas tratadas com paclobutrazol têm uma cor verde profunda devido ao aumento da síntese de clorofila (como mostrado na tabela 7) ou possivelmente devido ao encolhimento da área foliar (como evidente na tabela 5) (Kumar e Purohit, 1998). O paclobutrazol reduz a abcisão foliar de plantas colocadas em ambientes fechados e intensifica a cor verde das folhas (Cox e Whittington, 1988). Estes resultados também estão de acordo com Wang e Blessington (1990) em Plectranthus australis.

4.2 EFEITO DO MEIO DE ENVASAMENTO NO CRESCIMENTO E NA QUALIDADE DA FOLHAGEM DA PLANTA ORNAMENTAL AGLAONEMA CV. A PREFERIDA DE ERNESTO

4.2.1 Altura da planta (cm)

Os dados relativos à altura das plantas registados aos 30, 60, 90, 120 e 150 dias após o transplante (DAT) sob a influência de diferentes meios de envasamento mostraram uma variação significativa e são apresentados no Quadro 9.

Aos 30 DAT, a maior altura de planta (38.23 cm) foi registada com o tratamento cocopeat + areia + vermicomposto (2:1:1) (T5) e foi igual a (T3) solo + areia + FYM + vermicomposto (2:1:1:0.5) (36.30 cm), (T6) cocopeat + areia + FYM + vermicomposto (2:1:1:0.5) (36.05 cm), (T8) turfa de sphagnum + areia + vermicomposto (2:1:1) (35.56 cm) e (T9) turfa de sphagnum + areia + FYM + vermicomposto (2:1:1:0.5) (35.50 cm). A altura mais baixa da planta (30,90 cm) foi registada com solo + areia + FYM na proporção 2:1:1 (T1).

Aos 60 DAT, a altura máxima da planta (45.06 cm) foi exibida com o meio cocopeat + areia + vermicomposto (2:1:1) (T5) que foi igual ao meio contendo cocopeat + areia + FYM + vermicomposto (2:1:1:0.5) (T6) (44.05 cm). A menor altura de planta (35,76 cm) foi registada com solo + areia + FYM na proporção 2:1:1 (T1).

Aos 90 DAT, o tratamento T5 (cocopeat + areia + vermicomposto na proporção 2:1:1) produziu plantas com altura máxima (54.70 cm) seguido pelo T6 (cocopeat + areia + FYM + vermicomposto na proporção 2:1:1:0.5) (50.23 cm) que foi igual ao T8 (turfa de esfagno + areia + vermicomposto em 2:1:1) (48.13 cm). A altura mais baixa da planta (40,06 cm) foi registada com T1 (solo + areia + FYM na proporção 2:1:1).

Aos 120 DAT, o meio contendo cocopeat + areia + vermicomposto (2:1:1) (T5) produziu plantas com altura máxima (63.23 cm) seguido por cocopeat + areia + FYM + vermicomposto em 2:1:1:0.5 (T6) (57.30 cm). A menor altura de planta foi registada com solo + areia + FYM na proporção 2:1:1 (T1) (45,13 cm).

Aos 150 DAT, a altura máxima da planta (71.36 cm) foi registada com cocopeat + areia + vermicomposto (2:1:1) (T5) seguido de cocopeat + areia + FYM + vermicomposto (2:1:1:0.5) (T6) (63.53 cm). A menor altura de planta (51,20 cm) foi registada com solo + areia + FYM na proporção 2:1:1 (T1).

Tabela 9: Efeito dos meios de envasamento na altura da planta (cm) em aglaonema cv. Ernesto's Favourite

Treatment (T)	**Days After Transplanting (DAT)**				
	30	**60**	**90**	**120**	**150**
T_1	30.90^c	35.76^d	40.06^e	45.13^e	51.20^f
T_2	32.40^b	38.50^c	44.33^d	50.63^d	57.50^d
T_3	36.30^a	40.13^b	45.00^d	52.30^d	58.23^d
T_4	34.40^b	41.06^b	47.63^c	54.73^c	59.63^c
T_5	38.23^a	45.06^a	54.70^a	63.23^a	71.36^a
T_6	36.05^a	44.05^a	50.23^b	57.30^b	63.53^b
T_7	35.00^b	40.73^b	46.73^c	51.33^d	55.80^e
T_8	35.56^a	41.83^b	48.13^b	54.90^c	60.63^c
T_9	35.50^a	41.83^b	47.26^c	53.66^c	60.76^c
S.Em.±	1.07	0.80	0.77	0.60	0.79
C.D at 5%	3.19	2.38	2.31	1.81	2.36

T1 - Solo + areia + FYM (2:1:1)

T2 - Solo + Areia + Vermicomposto (2:1:1)

T_3 - Solo + Areia + FYM + Vermicomposto (2:1:1:0.5)

T4 - Cocopeat + areia + FYM (2:1:1)

T5 - Cocopeat + areia + vermicomposto (2:1:1)

T6 - Cocopeat + Areia + FYM + Vermicomposto (2:1:1:0.5)
T7 - Turfa de Sphagnum + Areia + FYM (2:1:1)
T8 - Turfa de Sphagnum + Areia + Vermicomposto (2:1:1)
T9 - Turfa de Sphagnum + Areia + FYM + Vermicomposto (2:1:1:0.5)

Após 6 meses de transplante, T5 (Cocopeat + areia + vermicomposto na proporção 2:1:1) mostrou maior altura de planta seguido por T6 (Cocopeat + areia + FYM + vermicomposto).

As observações do quadro 9 confirmam que o substrato de cocopeat + areia + vermicomposto na proporção de 2:1:1 mostrou uma maior altura de planta. A maior capacidade de retenção de água do meio de cocopeat pode ter tido alguma influência no crescimento das plantas. Estes resultados estão de acordo com Evans e Stamps (1996) que observaram que uma maior capacidade de retenção de água do substrato resultou em maiores alturas de plantas. Estes resultados também foram semelhantes aos de Karlovich e Fonteno (1986) que demonstraram um aumento da altura das plantas à medida que a capacidade de retenção de água do substrato aumentava. Um maior número de folhas e um maior comprimento das folhas também foram encontrados no meio à base de cocopeat (Quadros 2 e 3), o que pode ter resultado numa maior altura da planta. O alto teor de nitrogênio disponibilizado às plantas cultivadas em meio de areia de cocopeat e vermicomposto (Tabela 7) também pode ser uma das razões para a maior altura de planta.

Estes resultados estão de acordo com as conclusões de Evans e Iles (1997) em viburnum, Mojtaba Tatlari et al. (2013) em Dracaena marginata, Singh e Sidhu (2002) em Maranta bicolor, Aglaonema costatum e Asparagus plumosus, Gowda et al. (2005) em antúrio cv. Lady Jane, Srinivasa (2006) em Anthurium andraeanum cv. Hondura e Ankita Hazarika Dhaduk e Yadav (2010) em rosa holandesa cv. Naranga.

4.2.2 Número de folhas

A influência do meio de envasamento no número de folhas/planta registado aos 30, 60, 90, 120 e 150 DAT é apresentada no Quadro 10. O número de folhas variou significativamente com os vários tratamentos em aglaonema.

Aos 30 DAT, o número máximo de folhas (5,45) foi registado com o meio contendo cocopeat + areia + vermicomposto (2:1:1) (T5), que foi a par com cocopeat + areia + FYM + vermicomposto (2:1:1:0,5) (T6) (5,24) e turfa de esfagno + areia + vermicomposto (2:1:1) (T8) (4,86). O número mais baixo de folhas (4,00) foi registado com solo + areia + FYM (2:1:1) (T1).

Aos 60 DAT, o maior número de folhas (8,60) foi registado no tratamento T5 (cocopeat + areia + vermicomposto na proporção 2:1:1) seguido do tratamento T6 (cocopeat + areia + FYM + vermicomposto na proporção 2:1:1:0,5) (7,86). O menor número de folhas foi registado no T1 (solo + areia + FYM na proporção 2:1:1) (5,58).

Aos 90 DAT, cocopeat + areia + vermicomposto na proporção 2:1:1 (T5) produziu plantas com o número máximo de folhas (10.95) seguido por cocopeat + areia + FYM + vermicomposto na proporção 2:1:1: 0.5 (T6) (10.00) que estava a par com sphagnum peat + areia + vermicomposto em 2:1:1 (T8) (9.54). O meio de envasamento contendo solo + areia + FYM na proporção 2:1:1 (T1) produziu o menor número de folhas (7.41).

Tabela 10: Efeito do meio de envasamento no número de folhas do aglaonema cv. Ernesto's Favourite

Treatment (T)	Days After Transplanting (DAT)				
	30	60	90	120	150
T_1	4.00^{c}	5.58^{f}	7.41^{d}	8.33^{f}	9.00^{d}
T_2	4.41^{b}	6.01^{e}	8.00^{c}	9.84^{e}	10.22^{d}
T_3	4.80^{b}	6.85^{c}	8.50^{c}	10.56^{d}	12.71^{c}
T_4	4.21^{b}	6.73^{d}	7.23^{d}	9.28^{e}	11.71^{c}
T_5	5.45^{a}	8.60^{a}	10.95^{a}	13.25^{a}	16.00^{a}

T_6	5.24^a	7.86^b	10.00^b	12.58^b	14.75^b
T_7	4.20^b	6.90^c	7.56^d	9.48^e	11.38^c
T_8	4.86^a	7.20^c	9.54^b	11.72^c	13.26^b
T_9	4.70^b	6.24^e	8.25^c	10.32^d	12.24^c
S.Em.±	0.21	0.14	0.21	0.20	0.63
C.D at 5%	0.62	0.41	0.62	0.61	1.89

T1 - Solo + areia + FYM (2:1:1)

T_2 - Solo + Areia + Vermicomposto (2:1:1)

T_3 - Solo + Areia + FYM + Vermicomposto (2:1:1:0.5)

T4 - Cocopeat + areia + FYM (2:1:1)

T5 - Cocopeat + areia + vermicomposto (2:1:1)

T6 - Cocopeat + Areia + FYM + Vermicomposto (2:1:1:0.5)

T7 - Turfa de Sphagnum + Areia + FYM (2:1:1)

T8 - Turfa de Sphagnum + Areia + Vermicomposto (2:1:1)

T9 - Turfa de Sphagnum + Areia + FYM + Vermicomposto (2:1:1:0.5)

Aos 120 DAT, entre os vários tratamentos, T5 (cocopeat + areia + vermicomposto na proporção 2:1:1) produziu o número máximo de folhas (13.25) seguido por T6 (cocopeat + areia + FYM + vermicomposto na proporção 2:1:1: 0.5) (12.58). O tratamento T1 (solo + areia + FYM na proporção 2:1:1) produziu o menor número de folhas (8,33).

Aos 150 DAT, o maior número de folhas (16.00) foi registado com o tratamento T5 (cocopeat + areia + vermicomposto na proporção 2:1:1) seguido pelo tratamento T6 (cocopeat + areia + FYM + vermicomposto na proporção 2:1:1:0.5) (14.75) e foi igual ao T8 (turfa de esfagno + areia + vermicomposto em 2:1:1) (13.26). O menor número de folhas foi registado com solo + areia + FYM na proporção 2:1:1 (T1) (9.00) que foi igual ao solo + areia + FYM na proporção 2:1:1 (10.22).

Entre os vários meios, o cocopeat + areia + vermicomposto na proporção 2:1:1 (T5) mostrou mais número de folhas do que os outros meios durante 6 meses após o transplante.

As observações da tabela 10 confirmam que o aumento do número de folhas no meio cocopeat + areia + vermicomposto (2:1:1) está relacionado com as caraterísticas do cocopeat e do vermicomposto, onde o cocopeat inclui maior espaço poroso total (TPS) e capacidade de retenção de água (WHC) (Farzad Nazari et al. 2011) e o vermicomposto era mais rico em compostos húmicos (Dominguez et al. 1997). Além disso, o maior número de folhas também se deveu ao arejamento disponibilizado pela areia e ao estado dos nutrientes fornecidos pelo cocopeat e pelo vermicomposto.

Esses resultados estão em conformidade com os achados de Gowda et al. (2005) em antúrio cv. Lady Jane, Samiei et al. (2005) em Aglaonema commutatum cv. Silver Queen, Srinivasa (2006) em Anthurium andraeanum cv. Hondura, Khayyat et al. (2007) em pothos dourado, Ankita e Yadav (2010) em rosa holandesa cv. Naranga, Sameei et al. (2004) em pothos dourado e Farzad Nazari et al. (2011) em Hyacinthus orientalis cv. Sonbol-e-Irani.

4.2.3 Comprimento da folha (cm)

Os dados apresentados na Tabela 11 revelam uma variação significativa entre os diferentes tratamentos de meio de envasamento no comprimento da folha de aglaonema.

Aos 30 DAT, o maior comprimento de folha (30.53 cm) foi observado no meio contendo cocopeat + areia + vermicomposto (2:1:1) (T5) e foi igual a (T3) solo + areia + FYM + vermicomposto (2:1:1:1:0.5) (30.20 cm), (T6) cocopeat + areia + FYM + vermicomposto (2:1:1:0.5) (30.11 cm), (T9) turfa de sphagnum + areia + FYM + vermicomposto (2:1:1:0.5) (29.78 cm) e (T8) turfa de sphagnum + areia + vermicomposto (2:1:1) (29.23cm). O menor comprimento de folha (26,49 cm) foi registado com solo + areia + FYM na proporção 2:1:1 (T1).

Aos 60 DAT, o aglaonema cultivado em cocopeat + areia + vermicomposto na proporção 2:1:1 (T5) produziu plantas com maior comprimento de folha (37,39 cm), que foi igual ao cocopeat + areia + FYM + vermicomposto em 2:1:1:0,5 (T6) (35,82 cm) e turfa de esfagno + areia + vermicomposto na proporção 2:1:1 (T8) (35,36 cm). O comprimento de folha mais baixo foi registado em solo + areia + FYM na proporção 2:1:1 (T1) (30.99) que foi a par com solo + areia + FYM + vermicomposto na proporção 2:1:1:0.5 (T2) (32.15 cm).

Aos 90 DAT, o maior comprimento de folha foi observado em (T5) cocopeat + areia + vermicomposto (2:1:1) (44.35 cm) que estava a par com (T6) cocopeat + areia + FYM + vermicomposto (2:1:1:0.5) (42.39 cm). O menor comprimento de folha foi observado em (T1) solo + areia + FYM (2:1:1) (34,66 cm).

Aos 120 DAT, o tratamento T5 (cocopeat + areia + vermicomposto na proporção 2:1:1) produziu folhas com comprimento máximo (50.39 cm) que foi igual ao T6 (cocopeat + areia + FYM + vermicomposto na proporção 2:1:1:0.5) (49.35 cm). O tratamento T1 (solo + areia + FYM na proporção 2:1:1) registou o menor comprimento de folha (38,66 cm).

Aos 150 DAT, o maior comprimento de folha foi registado em (T5) cocopeat + areia + vermicomposto (2:1:1) (60.39 cm) seguido de (T6) cocopeat + areia + FYM + vermicomposto (2:1:1:0.5) (55.15 cm). O menor comprimento de folha foi registado em (T1) solo + areia + FYM (2:1:1) (41,67 cm).

Em todos os períodos de crescimento, o cocopeat + areia + vermicomposto (2:1:1) apresentou o maior comprimento de folha do que os outros meios.

As observações do quadro 11 confirmam que a elevada capacidade de retenção de água da turfa de coco do que da turfa de esfagno (Scagel, 2003) e o elevado teor de nutrientes no vermicomposto podem ser as razões para o maior comprimento das folhas. O cocopeat é um material muito resistente com uma estabilidade física excecional em relação à turfa e a outros substratos orgânicos comparáveis. Neste contexto, a estabilidade física refere-se à capacidade de uma mistura para fornecer ar e humidade às raízes das plantas (Cresswell, 1992). Tilt et al. (1987) demonstraram que existe uma correlação positiva entre a capacidade de retenção de água e o aumento do crescimento da copa em várias espécies da paisagem. Por conseguinte, o aumento do crescimento observado em substratos à base de cocopeat pode ter sido uma função da capacidade de retenção de água. (Evans e Stamps, 1996). Estes resultados estão em conformidade com as conclusões de Srinivasa (2006) em Anthurium andraeanum cv. Hondura e Khelikuzzman (2007) em Tradescantia sp.

Tabela 11: Efeito do meio de envasamento no comprimento da folha (cm) em aglaonema cv. Ernesto's Favourite

Treatment (T)	Days After Transplanting (DAT)				
	30	60	90	120	150
T_1	26.49^c	30.99^c	34.66^d	38.66^d	41.67^f
T_2	28.42^b	32.15^c	38.08^c	42.42^c	48.48^d
T_3	30.20^a	34.20^b	39.20^b	45.20^b	50.70^c
T_4	28.34^b	34.67^b	39.36^b	43.36^b	47.36^d
T_5	30.53^a	37.39^a	44.35^a	50.39^a	60.39^a
T_6	30.11^a	35.82^a	42.39^a	49.35^a	55.15^b
T_7	28.15^b	34.78^b	39.01^b	44.35^b	49.28^c
T_8	29.23^a	35.36^a	40.34^b	45.00^b	50.34^c
T_9	29.78^a	34.44^b	40.44^b	45.11^b	50.44^c
S.Em.±	0.64	0.86	0.70	0.94	0.50
C.D at 5%	1.90	2.56	2.08	2.82	1.49

T1 - Solo + areia + FYM (2:1:1)

T2 - Solo + Areia + Vermicomposto (2:1:1)

T3 - Solo + Areia + FYM + Vermicomposto (2:1:1:0.5)

T4 - Cocopeat + areia + FYM (2:1:1)

T5- Cocopeat + areia + Vermicomposto (2:1:1)

T6 - Cocopeat + Areia + FYM + Vermicomposto (2:1:1:0.5)

T7 - Turfa de Sphagnum + Areia + FYM (2:1:1)

T8 - Turfa de Sphagnum + Areia + Vermicomposto (2:1:1)

T9 - Turfa de Sphagnum + Areia + FYM + Vermicomposto (2:1:1:0.5)

4.2.4 Largura da folha (cm)

Os resultados mostraram uma diferença significativa entre os tratamentos. O efeito de diferentes meios de envasamento na largura das folhas registada aos 30, 60, 90, 120 e 150 DAT é apresentado no Quadro 12.

Não houve diferença significativa entre os tratamentos na largura da folha de aglaonema aos 30 DAT.

Aos 60 DAT, o tratamento T6 (cocopeat + areia + FYM + vermicomposto na proporção 2:1:1:0,5) produziu folhas com largura máxima (6,84 cm), seguido pelo T5 (cocopeat + areia + vermicomposto na proporção 2:1:1) (6.63 cm) que estava a par com T3 (solo + areia + FYM + vermicomposto na proporção 2:1:1:1:0.5) (6.50 cm) e T8 (turfa de esfagno + areia + vermicomposto na proporção 2:1:1) (6.45 cm). O tratamento T1 (solo + areia + FYM na proporção 2:1:1) produziu folhas com largura mínima (6,04 cm).

Aos 90 DAT, a maior largura de folha foi registada em (T5) cocopeat + areia + vermicomposto (2:1:1) (7.92 cm) que estava a par com (T6) cocopeat + areia + FYM + vermicomposto (2:1:1:0.5) (7.84 cm). A menor largura de folha foi registada em (T1) solo + areia + FYM (2:1:1) (6,45 cm).

Aos 120 DAT, as plantas cultivadas em cocopeat + areia + vermicomposto na proporção 2:1:1 (T5) produziram folhas com largura máxima (9,45 cm) seguidas por cocopeat + areia + FYM + vermicomposto em 2:1:1:0,5 (T6) (8,56 cm). A menor largura de folha foi registada em solo + areia + FYM na proporção 2:1:1 (T1) (6,75 cm).

Aos 150 DAT, as plantas T5 (cocopeat + areia + vermicomposto na proporção de 2:1:1) mostraram a largura máxima da folha (10,13 cm) e as plantas T6 (cocopeat + areia + FYM + vermicomposto em 2:1:1:0,5) (9,61 cm) estavam no mesmo nível. A menor largura de folha (7,26 cm) foi registada em T1 (solo + areia + FYM na proporção 2:1:1:1).

Tabela 12: Efeito dos meios de envasamento na largura da folha (cm) em aglaonema cv. Ernesto's Favourite

Treatment (T)	**Days After Transplanting (DAT)**				
	30	**60**	**90**	**120**	**150**
T_1	5.26	6.04^d	6.45^c	6.75^f	7.26^c
T_2	5.38	6.12^c	7.03^d	7.96^d	8.95^b
T_3	5.48	6.50^b	7.25^c	8.32^c	8.83^b
T_4	5.30	6.18^c	7.00^d	7.83^e	8.64^b
T_5	5.33	6.63^b	7.92^a	9.45^a	10.13^a
T_6	5.22	6.84^a	7.84^a	8.56^b	9.61^a
T_7	5.10	6.15^c	7.65^b	7.91^d	8.11^b
T_8	5.40	6.45^b	7.42^c	8.11^d	8.95^b
T_9	5.55	6.26^c	7.33^c	8.00^d	8.62^b
S.Em.±	0.13	0.06	0.07	0.06	0.32

C.D at 5%	NS	0.19	0.22	0.20	0.95

T1 - Solo + areia + FYM (2:1:1)

T_2 - Solo + Areia + Vermicomposto (2:1:1)

T3 - Solo + Areia + FYM + Vermicomposto (2:1:1:0.5)

T4 - Cocopeat + areia + FYM (2:1:1)

T5- Cocopeat + areia + Vermicomposto (2:1:1)

T6 - Cocopeat + Areia + FYM + Vermicomposto (2:1:1:0.5)

T7 - Turfa de Sphagnum + Areia + FYM (2:1:1)

T8 - Turfa de Sphagnum + Areia + Vermicomposto (2:1:1)

T9 - Turfa de Sphagnum + Areia + FYM + Vermicomposto (2:1:1:0.5)

As observações do quadro 12 confirmam que os tratamentos T5 (2 cocopeat + 1 areia + 1 vermicomposto) e T6 (2 cocopeat +1 areia +1 FYM + 0,5 vermicomposto) apresentaram maior largura da folha. O maior crescimento nestes meios pode estar relacionado com um melhor arejamento, condições de drenagem e capacidade de manutenção da água, bem como com o elevado teor de nutrientes destes substratos em comparação com outros meios. (Vendonck e Gabriels, 1992 e Noguera et al. 2000). Resultados semelhantes foram também obtidos por Srinivasa (2006) em Anthurium andraeanum cv. Hondura, Khelikuzzman (2007) em Tradescantia sp e Khayyat et al. (2007) em pothos dourado.

4.2.5 Área foliar (cm^2)

Foram observadas diferenças significativas entre os tratamentos na área foliar registrada aos 30, 60, 90, 120 e 150 DAT em aglaonema cv. Ernesto's Favourite (Tabela 13).

Aos 30 DAT, a área foliar mais alta foi registada em T5 (cocopeat + areia + vermicomposto em 2:1:1) (68,16 cm^2) que estava a par com T6 (cocopeat + areia + FYM + vermicomposto em 2:1:1:0.5) (68.06 cm^2), T8 (turfa de esfagno + areia + vermicomposto na proporção 2:1:1) (67.20 cm^2) e T9 (turfa de esfagno + areia + FYM + vermicomposto na proporção 2:1:1:0.5) (66.73 cm^2). A área foliar mais baixa foi registada em T1 (solo + areia + FYM na proporção 2:1:1) (64,90 $cm^{(2)}$).

Aos 60 DAT, as plantas cultivadas no meio cocopeat + areia + vermicomposto (2:1:1) (T5) mostraram a maior área foliar (108.13 cm^2) do que os outros meios seguidos pelo cocopeat + areia + FYM + vermicomposto (2:1:1:0.5) (T6) (100.86 cm^2). As plantas cultivadas em solo + areia + FYM em (2:1:1) (T1) apresentaram folhas com área mínima (82,76 cm^2).

Aos 90 DAT, entre os vários tratamentos, o T5 (2 partes de cocopeat + 1 parte de areia + 1 parte de vermicomposto) registou uma área foliar significativamente mais elevada (148,53 cm^2) seguido do T6 (2 partes de cocopeat + 1 parte de areia + 1 parte de FYM + 1 parte de vermicomposto) (136,46 cm^2). A menor área foliar foi observada em T1 (2 partes de solo + 1 parte de areia + 1 parte de FYM) (103,36 cm^2).

A área foliar foi mais alta no meio contendo cocopeat + areia + vermicomposto na proporção 2:1:1 (T5) (168.53 cm^2) seguido por cocopeat + areia + FYM + vermicomposto na proporção 2:1:1:0.5 (T6) (164.90 cm^2) aos 120 DAT. A área foliar mais baixa foi registada em solo + areia + FYM na proporção 2:1:1 (T1) (124,46 cm^2).

Aos 150 DAT, as plantas cultivadas em cocopeat + areia + vermicomposto na proporção 2:1:1 (T5) produziram folhas com grande área (208.36 cm^2) seguidas por cocopeat + areia + FYM + vermicomposto na proporção 2:1:1:0.5 (T6) (192.13 cm^2). As plantas cultivadas em solo + areia + FYM na proporção 2:1:1 (T1) apresentaram a menor área foliar (146,86 cm^2).

Tabela 13: Efeito dos meios de envasamento na área foliar (cm^2) em aglaonema cv. Ernesto's Favourite

Treatment (T)	Days After Transplanting (DAT)				
	30	60	90	120	150
T_1	64.90^c	82.76^f	103.36^f	124.46^h	146.86^f

T$_2$	65.40^{b}	86.33^{e}	119.40^{d}	141.46^{f}	161.40^{e}
T$_3$	65.50^{b}	89.53^{d}	128.13^{c}	155.16^{c}	174.00^{d}
T$_4$	65.16^{b}	85.56^{e}	121.13^{d}	150.76^{d}	180.46^{c}
T$_5$	68.16^{a}	108.13^{a}	148.53^{a}	168.53^{a}	208.36^{a}
T$_6$	68.06^{a}	100.86^{b}	136.46^{b}	164.90^{b}	192.13^{b}
T$_7$	64.96^{b}	88.23^{d}	100.53^{f}	138.06^{g}	167.20^{d}
T$_8$	67.20^{a}	94.73^{c}	126.53^{c}	158.00^{c}	183.20^{c}
T$_9$	66.73^{a}	90.26^{d}	110.50^{e}	145.70^{e}	173.50^{d}
S.Em.±	0.66	1.19	1.11	1.14	2.46
C.D at 5%	1.97	3.54	3.31	3.39	7.31

T1 - Solo + areia + FYM (2:1:1)
T2 - Solo + Areia + Vermicomposto (2:1:1)
T3 - Solo + Areia + FYM + Vermicomposto (2:1:1:0.5)
T4 - Cocopeat + areia + FYM (2:1:1)
T5- Cocopeat + areia + Vermicomposto (2:1:1)
T6 - Cocopeat + Areia + FYM + Vermicomposto (2:1:1:0.5)
T7 - Turfa de Sphagnum + Areia + FYM (2:1:1)
T8 - Turfa de Sphagnum + Areia + Vermicomposto (2:1:1)
T9 - Turfa de Sphagnum + Areia + FYM + Vermicomposto (2:1:1:0.5)

Os resultados do quadro 13 confirmam que o meio contendo cocopeat + areia + vermicomposto na proporção de 2:1:1 mostrou maior área foliar do que os outros meios no período de crescimento geral. O melhor desempenho deste meio pode estar relacionado principalmente com as caraterísticas do cocopeat e do vermicomposto. O cocopeat retém a água em vez de a perder como faz a turfa tradicional. Retém a água 8-9 vezes mais do que o seu peso. O cocopeat tem a capacidade de armazenar e libertar nutrientes para as plantas durante longos períodos. A maior resiliência e a decomposição lenta da turfa de cocopeat do que a turfa de esfagno (Cresswell, 1992) fazem com que este meio seja o melhor. O vermicomposto tem quantidades consideráveis de substâncias húmicas (Dominguez et al. 1997; Atiyeh et al. 2002) e melhora a nutrição das plantas (Tomati et al. 1995; Sahni et al. 2008). Pode induzir alterações fisiológicas como o aumento das alterações nas taxas de crescimento e desenvolvimento nas culturas (tomate e pepino) foi atribuído às substâncias húmicas (Atiyeh et al. 2002).

Uma tendência semelhante nos resultados foi registada no antúrio cv. Lady Jane por Gowda et al. (2005), Aglaonema commutatum cv. Silver Queen por Samiei et al. (2005), golden pothos por Khayyat et al. (2007), dutch rose cv. Naranga por Ankita e Yadav (2010), azálea por Shadi Karim et al. (2013) e Dracaena marginata por Mojtaba Tatlari et al. (2013) e pothos dourado por Sameei et al. (2004).

4.2.6 Índice de crescimento das plantas (IGP) (cm)

Uma diferença significativa no índice de crescimento de plantas de aglaonema registada aos 150 DAT é apresentada no Quadro 14.

Aos 150 DAT, o maior IGP (63,37 cm) foi observado em plantas cultivadas no meio contendo cocopeat + areia + vermicomposto na proporção 2:1:1 (T5) seguido por cocopeat + areia + FYM + vermicomposto na proporção 2:1:1:0,5 (T6) (56,72 cm). O menor IGP (44,42 cm) foi observado em plantas cultivadas no meio contendo solo + areia + FYM + vermicomposto na proporção 2:1:1:0,5 (T1).

As observações do quadro 14 confirmam que o efeito combinado de cocopeat + areia + vermicomposto (2:1:1) mostrou um IGP elevado. Foi calculado usando a fórmula da mudança líquida na altura da planta mais a mudança líquida na largura da planta. O IGP elevado neste meio é evidente a partir dos resultados obtidos na altura da planta (como mostrado no Quadro 9) em aglaonema.

Tabela 14: Efeito do meio de envasamento no índice de crescimento da planta (IGP) (cm) em aglaonema cv. Ernesto's Favourite

Treatment (T)	PGI
	150DAT
T_1	44.42[e]
T_2	47.39[d]
T_3	49.17[d]
T_4	52.42[c]
T_5	63.37[a]
T_6	56.72[b]
T_7	50.08[c]
T_8	52.25[c]
T_9	52.71[c]
S.Em.±	0.83
C.D at 5%	2.49

T1 - Solo + areia + FYM (2:1:1)
T2 - Solo + Areia + Vermicomposto (2:1:1)
T3 - Solo + Areia + FYM + Vermicomposto (2:1:1:0.5)
T4 - Cocopeat + areia + FYM (2:1:1)
T5- Cocopeat + areia + Vermicomposto (2:1:1)
T6 - Cocopeat + Areia + FYM + Vermicomposto (2:1:1:0.5)
T7 - Turfa de Sphagnum + Areia + FYM (2:1:1)
T8 - Turfa de Sphagnum + Areia + Vermicomposto (2:1:1)
T9 - Turfa de Sphagnum + Areia + FYM + Vermicomposto (2:1:1:0.5)

Estes resultados podem ser atribuídos às caraterísticas do cocopeat e do vermicomposto. Farzad Nazari et al. (2011) relataram que alguns caracteres fisiológicos, como a taxa fotossintética e a eficiência do uso da água, também foram melhorados pelo cocopeat, muito provavelmente devido às suas valiosas caraterísticas, incluindo TPS, WHC e CEC. Além disso, o cocopeat permite que o ar, os nutrientes e a água cheguem à superfície da raiz, o que pode ser uma das razões para o crescimento rápido e vigoroso da . A razão para um IGP elevado neste meio pode dever-se às substâncias húmicas e aos nutrientes presentes no vermicomposto. Foi relatado que o vermicomposto era mais rico do que o composto em compostos húmicos (Dominguez et al. 1997). A aplicação de ácidos húmicos derivados do vermicomposto levou a um maior crescimento (Atiyeh et al. 2002). A utilização de vermicomposto teve efeitos favoráveis no crescimento e desenvolvimento do híbrido Lilium asiatic var. Navona (Ladan Moghadam et al. 2012).

Estes resultados estão de acordo com Shadi Karim et al. (2013) em azálea e Mojtaba Tatlari et al. (2013) em Dracaena marginata.

4.2.7 Peso fresco da raiz (g)

Os dados obtidos sobre o peso fresco da raiz aos 150 DAT, influenciado por diferentes meios de cultivo, são apresentados no Quadro 15.

No final da experiência (150 DAT), o peso fresco das raízes por planta variou significativamente devido aos diferentes tratamentos. Entre os vários tratamentos, o peso fresco máximo da raiz (45 g) foi registado em T5 (cocopeat + areia + vermicomposto na proporção 2:1:1) seguido por T6 (cocopeat + areia + FYM + vermicomposto na proporção 2:1:1:0.5) (42.04 g). O menor peso fresco de raiz foi observado em T1 (solo + areia + FYM na proporção 2:1:1) (30,07 g).

As observações da tabela 15 confirmam que o cocopeat + areia + FYM + vermicomposto (2:1:1) mostrou o maior peso fresco de raiz. A presença de um maior número de folhas nas plantas pode refletir um crescimento mais precoce do sistema radicular (Khayyat et al. 2007). Assim, a produção de um maior número de folhas com uma área foliar máxima com este meio, como se mostra nos quadros 2 e 5, concorda largamente com o desenvolvimento superior das raízes. Outra explicação possível para o aumento do crescimento da raiz é a presença de compostos fenólicos no cocopeat (Lokesha et al. 1988). A libertação de compostos fenólicos pelo cocopeat pode ter contribuído para o aumento do enraizamento.

Estes resultados estão em consonância com as conclusões de Evans e Stamps (1996) em gerânio 'Pink Elite', Evans e Iles (1997) em viburnum, Khayyat et al. (2007) em pothos dourado, Khelikuzzman (2007) em Tradescantia sp, Farzad Nazari et al. (2011) em Hyacinthus orientalis cv. Sonbol-e-Irani e sameei et al. (2004) em pothos dourado.

Tabela 15: Efeito dos meios de envasamento no peso fresco e seco da raiz (g) em aglaonema cv. Ernesto's Favourite

Treatment (T)	Fresh weight of root	Dry weight of root
	150DAT	150 DAT
T_1	30.07^{f}	3.26^{e}
T_2	33.00^{e}	4.08^{d}
T_3	36.66^{d}	4.45^{d}
T_4	40.83^{c}	7.45^{b}
T_5	45.00^{a}	8.53^{a}
T_6	42.04^{b}	8.08^{a}
T_7	37.12^{d}	6.81^{c}
T_8	40.16^{c}	7.65^{b}
T_9	38.68^{c}	6.61^{c}
S.Em.±	0.98	0.27
C.D at 5%	2.90	0.81

T1 - Solo + areia + FYM (2:1:1)
T2 - Solo + Areia + Vermicomposto (2:1:1)
T3 - Solo + Areia + FYM + Vermicomposto (2:1:1:0.5)
T4 - Cocopeat + areia + FYM (2:1:1)
T5- Cocopeat + areia + Vermicomposto (2:1:1)
T6 - Cocopeat + Areia + FYM + Vermicomposto (2:1:1:0.5)
T7 - Turfa de Sphagnum + Areia + FYM (2:1:1)
T8 - Turfa de Sphagnum + Areia + Vermicomposto (2:1:1)
T9 - Turfa de Sphagnum + Areia + FYM + Vermicomposto (2:1:1:0.5)

4.2.8 Peso seco da raiz (g)

De acordo com os resultados apresentados no quadro 15, é evidente que existe uma diferença significativa entre os tratamentos para o parâmetro de peso seco da raiz aos 150 DAT.

O peso seco mais alto da raiz foi obtido no tratamento T5 (cocopeat + areia + vermicomposto na proporção 2:1:1) (8,53 g) para o qual o tratamento T6 (cocopeat + areia + FYM + vermicomposto na proporção 2:1:1:0,5) (8,08 g) também foi encontrado no mesmo nível. O menor peso seco de raiz foi obtido no tratamento T1 (solo + areia + FYM na proporção 2:1:1:1) (3.26 g).

As observações do quadro 15 confirmam que a superioridade do cocopeat + areia + vermicomposto (2:1:1) e cocopeat + areia + FYM + vermicomposto (2:1:1:0.5) pode dever-se à elevada capacidade de retenção de água do cocopeat e ao arejamento adequado proporcionado pela areia, produzindo raízes com elevado peso seco. A turfa é muito mais lenta a desintegrar-se do que a turfa (Cresswell, 1992). Esta propriedade do cocopeat torna-o resistente ao crescimento de bactérias e fungos, o que também pode ser uma das razões para o elevado crescimento das raízes.

Estes resultados estão em consonância com os resultados da investigação obtidos por Merrow (1994) em pentas e ixora, Samiei et al. (2005) em Aglaonema commutatum cv. Silver Queen, Khayyat et al. (2007) em pothos dourado, Scagel (2003) em Kalmia latifolia, Sameei et al. (2004) em pothos e Farzad Nazari et al. (2011) em Hyacinthus orientalis cv. Sonbol-e- Irani.

4.2.9 Classificação visual das instalações

Os dados registados no grau visual da planta aos 150 DAT da aglaonema cv. Ernesto's Favourite cultivada em diferentes meios de envasamento são apresentados no Quadro 16.

Aos 150 DAT, os tratamentos de meio de envasamento diferiram significativamente no grau visual da planta de folhagem aglaonema. O grau de planta significativamente mais elevado foi registado em T5 (2 cocopeat + 1 areia + 1 vermicomposto) (4,50), que estava a par com T6 (2 cocopeat + 1 areia + 1 FYM + 0,5 vermicomposto) (4,41). O grau de planta mais baixo foi registado em T1 (2 solo + 1 areia + 1 FYM) (3,28).

Quadro 16: Efeito dos meios de envasamento na qualidade visual da planta, na cor e na raiz da aglaonema cv. Ernesto's Favourite

Treatment (T)	Visual plant grade	Visual colour grade	Visual root grade
	150DAT	150 DAT	150 DAT
T_1	3.28[c]	3.00[c]	3.53[d]
T_2	3.88[b]	3.33[c]	3.75[c]
T_3	4.15[b]	3.58[b]	3.91[c]
T_4	4.13[b]	3.66[b]	4.11[b]
T_5	4.50[a]	4.58[a]	4.45[a]
T_6	4.41[a]	4.25[a]	4.28[a]
T_7	4.16[b]	3.66[b]	4.03[b]
T_8	4.20[b]	4.00[b]	4.20[b]
T_9	4.08[b]	4.00[b]	4.13[b]
S.Em.±	0.09	0.18	0.06
C.D at 5%	0.28	0.54	0.18

Sistema de classificação de instalações onde

1 = morto,

2 = má qualidade,

3 = Qualidade razoável,
4= Boa qualidade, 5=Excelente qualidade
Sistema de classificação de cores em que 1 = cor má, 3 = boa, verde claro, 5 = excelente, verde escuro e contraste prateado
Sistema de classificação das raízes em que 1= 20% do solo está coberto de raízes,
2= 20-40% do torrão coberto de raízes, 3= 40-60% do torrão coberto de raízes, 4= 60-80% do torrão coberto de raízes, 5 = 80% do torrão coberto de raízes
T1 - Solo + areia + FYM (2:1:1)
T2 - Solo + Areia + Vermicomposto (2:1:1)
T3 - Solo + Areia + FYM + Vermicomposto (2:1:1:0.5)
T4 - Cocopeat + areia + FYM (2:1:1)
T5- Cocopeat + areia + Vermicomposto (2:1:1)
T6 - Cocopeat + Areia + FYM + Vermicomposto (2:1:1:0.5)
T7 - Turfa de Sphagnum + Areia + FYM (2:1:1)
T8 - Turfa de Sphagnum + Areia + Vermicomposto (2:1:1)
T9 - Turfa de Sphagnum + Areia + FYM + Vermicomposto (2:1:1:0.5)

As observações da tabela 16 confirmam que o meio de cultivo de turfa + areia + vermicomposto (2:1:1) registou um grau elevado de plantas. As cultivares que cresceram no meio de cultivo de cocopeat tiveram uma maior produção ou acumulação de proteínas totais e aminoácidos nos seus caules do que as plantas que cresceram em meios de cultivo de turfa (Scagel, 2003), o que pode ser a razão para a elevada qualidade das plantas. A composição proteica e aminoacídica de diferentes partes da planta tem sido relacionada com o armazenamento de energia para crescimento futuro, nível de atividade metabólica, eficiência de enraizamento, fotossíntese e outros processos fisiológicos básicos que podem influenciar os aspectos qualitativos da planta (Dong et al. 2001; Nielsen et al. 1997; Scagel, 1999 e Tagliavivni et al. 1998). A nutrição melhorada pelo vermicomposto resultou na alteração das propriedades bioquímicas das plantas, como a síntese de clorofila, enzimas e proteínas (Tomati et al., 1995), o que pode ser uma das razões para a elevada qualidade das plantas. Estes resultados estão de acordo com Stamps e Evans (1997) em Dieffenbachia maculate 'Camille', Farzad Nazari et al. (2011) em Hyacinthus orientalis cv. Sonbol-e-Irani.

4.2.10 Classificação visual da cor

Os dados apresentados na Tabela 16 revelam uma variação significativa entre os diferentes tratamentos de meio de envasamento no grau de cor da planta de aglaonema aos 150 DAT.

Aos 150 DAT, os tratamentos de meio de envasamento diferiram significativamente no grau de cor visual da planta foliar aglaonema. O grau de cor significativamente mais elevado foi registado em T5 (2 cocopeat + 1 areia + 1 vermicomposto) (4,58), que estava a par com T6 (2 cocopeat + 1 areia + 1 FYM + 0,5 vermicomposto) (4,25). O grau de cor mais baixo foi registado no T1 (2 solo + 1 areia + 1 FYM) (3.00) que foi igual ao T2 (2 solo + 1 areia + 1 vermicomposto) (3.33).

As observações do quadro 16 confirmam que as folhas das plantas cultivadas em meios com mistura de coco e turfa tinham uma cor mais verde do que as folhas das plantas cultivadas em meios com mistura de turfa e solo. O maior teor de azoto disponível para as plantas neste meio pode ser a razão para as folhas terem uma cor muito verde. Estes resultados estão de acordo com Scagel (2003), que observou que a cor das folhas de todos os géneros (Kalmia latifoila, Rhododendron spp, Arctostaphylos uva- ursi, Gaultheria shallon, Pieris japonica e Vaccinium vitis-idaea) cultivados em meios com mistura de cocopeat tinham teores de clorofila mais elevados do que as folhas de plantas cultivadas em meios com mistura de turfa e a diferença entre os tipos de meios era mais pronunciada no crescimento mais jovem. A nutrição melhorada pelo vermicomposto resultou na alteração das propriedades bioquímicas das plantas, como a síntese de clorofila, enzimas e proteínas (Tomati et al, 1995), o que pode ser uma das razões para o alto teor de clorofila.

Resultados semelhantes foram encontrados por Scagel (2003) em plantas ericáceas e Farzad Nazari et al. (2011) em Hyacinthus orientalis cv. Sonbol-e-Irani.

4.2.11 Grau visual da raiz

Os dados registados sobre a classificação visual das raízes da aglaonema cv. Ernesto's Favourite cultivada em diferentes meios de envasamento são apresentados no Quadro 16.

O grau visual de raiz da aglaonema cv. Ernesto's Favourite foi significativo para os vários tratamentos de meio de envasamento. Aos 150 DAT, o tratamento T5 (2 cocopeat + 1 areia + 1 vermicomposto) registou um grau de raiz elevado (4,45) e foi igual ao T6 (2 cocopeat + 1 areia + 1 FYM +0,5 vermicomposto) (4,28). O grau de raiz mais baixo foi registado em T1 (2 solo + 1 areia +1 FYM) (3.53).

As observações da tabela 16 confirmam que o grau visual da raiz foi maior em cocopeat + areia + vermicomposto (2:1:1) e cocopeat + areia + FYM + vermicomposto (2:1:1:0.5). A razão para isto pode ser as qualidades do cocopeat como a ausência de ervas daninhas e agentes patogénicos, excelente drenagem e capacidade de retenção de água, libertação de compostos fenólicos como as fitolexinas ipomeamarone, orchinol, pisatin, phaseolin e rishitin que têm compostos antipatogénicos significativos (Agrios, 1978 e Mansfield, 1982). Os fenólicos no cocopeat podem ter promovido o desenvolvimento da raiz ou inibido a perda de raízes para patógenos causadores de doenças (Evans e Stamps, 1996), resultando em alto grau de raiz.

Resultados semelhantes foram registados por Stamps e Evans (1997) em Diffenbachia maculata 'Camille'.

4.2.12 Percentagem de azoto na folha (%)

Os dados registados sobre a percentagem de azoto aos 150DAT da aglaonema cv. Ernesto's Favourite tratada com diferentes meios de envasamento são apresentados no quadro 17.

O tratamento T5 (cocopeat + areia + vermicomposto na proporção 2:1:1) registou uma elevada percentagem de azoto (3,46 %) aos 150 DAT, seguido do tratamento T6 (cocopeat + areia + FYM + vermicomposto na proporção 2:1:1:0,5) (3,20 %), que se situou ao mesmo nível do mais elevado. O teor de azoto mais baixo foi registado no T1 (solo + areia + FYM na proporção 2:1:1) (2,04 %).

As observações do quadro 17 confirmam que as plantas cultivadas em meio à base de cocopeat alterado com areia e vermicomposto apresentaram um teor de azoto mais elevado do que os outros meios. A razão pode ser devida ao elevado teor de nutrientes fornecido pelo vermicomposto. Os resultados estão em conformidade com Scagel (2003), que observou que as plantas que cresciam em meio de turfa com adição de coco tinham geralmente teores de azoto mais elevados do que as plantas que cresciam em meio de turfa, sugerindo que as plantas que cresciam em meio de turfa com adição de coco tinham maior absorção de azoto. A elevada capacidade de troca catiónica, a baixa condutividade eléctrica e o pH aceitável do cocopeat (Jeyaseeli e Samuel pal raj, 2010) podem ser a razão para a elevada absorção de N. Estes resultados estão em conformidade com as conclusões de Scagel (2003) em plantas ericáceas.

4.2.13 Percentagem de fosporos na folha (%)

Foram observadas diferenças significativas entre os efeitos impostos pelos tratamentos de meio de cultura em Aglaonema nitidum cv. Ernesto's Favourite para o teor de fósforo aos 150 DAT (Tabela 17).

Aos 150 DAT, a análise das folhas das plantas revelou que o maior conteúdo de fósforo (0,95 %) foi registado em T5 (cocopeat + areia + vermicomposto na proporção 2:1:1) seguido por T6 (cocopeat + areia + FYM + vermicomposto na proporção 2:1:1:0,5) (0,84%) que estava a par com T8 (turfa de esfagno + areia + vermicomposto na proporção 2:1:1). O teor mais baixo de fósforo (0,30 %) foi registado em T1 (solo + areia + FYM na proporção 2:1:1).

As observações do quadro 17 confirmam que as plantas cultivadas em meios contendo 2 cocopeat + 1 areia + 1 vermicomposto registaram um teor de fósforo mais elevado do que os outros meios. A razão pode ser devida ao elevado teor de nutrientes fornecido pelo vermicomposto. A maior disponibilidade de P no meio de cultivo com coco pode ser resultado de mais locais de troca de P ou de maior atividade de organismos solubilizadores de P e produtores de fosfatase ácida (Linderman e Marlow, USDA, Corvallis, Ore., Comunicação pessoal). Os resultados foram semelhantes aos de Scagel (2003) em plantas ericáceas.

Quadro 17: Efeito do meio de envasamento no teor de azoto (%), fósforo (%) e potássio (%) em aglaonema cv. Ernesto's Favourite

Treatment (T)	Nitrogen content	Phosporous content	Potassium content
	150DAT	150 DAT	150 DAT
T_1	2.04^{e}	0.30^{f}	1.26^{e}
T_2	2.33^{d}	0.39^{e}	1.40^{d}
T_3	2.71^{c}	0.45^{d}	1.59^{c}
T_4	2.74^{c}	0.52^{d}	1.69^{b}
T_5	3.46^{a}	0.95^{a}	1.91^{a}
T_6	3.20^{b}	0.84^{b}	1.88^{a}
T_7	2.73^{c}	0.52^{d}	1.60^{c}
T_8	2.88^{c}	0.79^{b}	1.78^{b}
T_9	2.75^{c}	0.65^{c}	1.76^{b}
S.Em.±	0.07	0.02	0.03
C.D at 5%	0.21	0.08	0.10

T1 - Solo + areia + FYM (2:1:1)

T2 - Solo + Areia + Vermicomposto (2:1:1)

T3 - Solo + Areia + FYM + Vermicomposto (2:1:1:0.5)

T4 - Cocopeat + areia + FYM (2:1:1)

T5- Cocopeat + areia + Vermicomposto (2:1:1)

T6 - Cocopeat + Areia + FYM + Vermicomposto (2:1:1:0.5)

T7 - Turfa de Sphagnum + Areia + FYM (2:1:1)

T8 - Turfa de Sphagnum + Areia + Vermicomposto (2:1:1)

T9 - Turfa de Sphagnum + Areia + FYM + Vermicomposto (2:1:1:0.5)

4.2.14 Percentagem de potássio na folha (%)

A influência do meio de envasamento no teor de potássio registado aos 150 DAT é apresentada no Quadro 17. O teor de potássio variou significativamente com os vários tratamentos em aglaonema.

Aos 150 DAT, o teor máximo de potássio (1,91 %) foi registado com cocopeat + areia + vermicomposto (2:1:1) (T5) que foi igual ao cocopeat + areia + FYM + vermicomposto (2:1:1:0,5) (T6) (1,88 %). O teor mais baixo de potássio (1,26 %) foi registado com solo + areia + FYM na proporção 2:1:1 (T1).

As observações da tabela 17 confirmam que o aglaonema cultivado em meios contendo cocopeat + areia + vermicomposto (2:1:1) e cocopeat + areia + FYM + vermicomposto (2:1:1:0.5) mostrou alto teor de potássio. A razão para este facto pode dever-se ao elevado teor de nutrientes fornecido pelo vermicomposto e às excelentes propriedades físicas (excelente retenção de água e arejamento) e químicas (pH aceitável, baixa condutividade eléctrica, elevada CEC) do cocopeat, o que teria resultado numa elevada absorção de nutrientes.

Placa 3: Planta de Aglaonema cv. Ernesto's Favourite tratada com paclobutrazol a 0,1825 mg/pot (**T3**)

Placa 4: Planta de Aglaonema cv. Ernesto's Favourite tratada com paclobutrazol a 0,25 mg/pot (**T4**)

Paclobutrazol at 0.1825 mg/pot (T_3)

Ancymidol at 0.50 mg/pot (T_6)

Control (T_{13})

Placa 5: Efeito retardador de crescimento relativo em aglaonema cv. Ernesto's Favourite

Placa 6: Plantas de Aglaonema cv. Ernesto's Favourite cultivadas em cocopeat + areia + FYM na proporção 2:1:1

Placa 7: Plantas de Aglaonema cv. Ernesto's Favourite cultivadas em meio à base de cocopeat

Placa 8: Comparação entre plantas de aglaonema cv. Ernesto's Favourite cultivadas em solo e em meio à base de cocopeat

Placa 9: Plantas de Aglaonema cv. Ernesto's Favourite cultivadas em meios à base de cocopeat, turfa de esfagno e solo

Cocopeat + sand + FYM (2:1:1) (T_4)

Cocopeat + sand + vermicompost (2:1:1) (T_5)

Cocopeat + sand + FYM + vermicompost (2:1:1:0.5) (T_6)

Placa 10: Crescimento da raiz de aglaonema cv. Ernesto's Favourite em meio à base de cocopeat

CAPÍTULO 5

RESUMO E CONCLUSÕES

Foi realizada uma investigação sobre o "Efeito de retardadores de crescimento de plantas e meios de envasamento no crescimento e na qualidade da planta de folhagem ornamental aglaonema cv. Ernesto's Favourite" na Floriculture Research Station, Rajendranagar, Hyderabad durante a estação rabi de 2012-13. As duas experiências foram realizadas num modelo completamente aleatório.

No primeiro experimento, treze tratamentos foram impostos como drench de solo aos 30 e 60 DAT com 3 repetições. Os tratamentos foram T1 (PBZ a 0,0625 mg/pot), T2 (PBZ a 0,125 mg/pot), T_3 (PBZ a 0,1825 mg/pot), T4 (PBZ a 0,25 mg/pot), T_5 (A-rest 0,25 mg/pot), T_6 (A-rest 0.50 mg/pot), T7 (A-rest 0,75 mg/pot), T_8 (A-rest 1,00 mg/pot), T9 (CCC a 500 ppm), T10 (CCC a 1000 ppm), T11 (CCC a 1500 ppm) e T12 (CCC a 2000 ppm) e T43 (Controlo).

Foram registados os dados relativos à altura da planta, número de folhas, comprimento e largura da copa, área foliar e diâmetro do caule aos 30, 60, 90, 120 e 150 dias após o transplante. Os dados relativos à clorofila a & b, grau visual da planta, grau de cor e grau de raiz foram registados aos 150 DAT. Na segunda experiência, foram utilizados nove tratamentos de diferentes meios de envasamento com 3 repetições. Os tratamentos foram T1 (solo + areia + FYM em 2:1:1), T2 (solo + areia + vermicomposto em 2:1:1), T3 (solo + areia + FYM + vermicomposto em 2:1:1:0.5), T4 (cocopeat + areia + FYM em 2:1:1), T5 (cocopeat + areia + vermicomposto em 2:1:1), T (cocopeat + areia + FYM + vermicomposto em 2:1:1:0.5), T7 (turfa de esfagno + areia + FYM em 2:1:1), T8 (turfa de esfagno + areia + vermicomposto em 2:1:1) e T9 (turfa de esfagno + areia + FYM + vermicomposto em 2:1:1:0,5).

Foram registados dados sobre a altura das plantas, o número de folhas, o comprimento e a largura das folhas e a área foliar aos 30, 60, 90, 120 e 150 dias após a transplantação. Os dados relativos ao índice de crescimento das plantas, peso fresco e seco da raiz, grau visual da planta e grau de cor, grau da raiz e teor de N, P e K nas folhas foram registados aos 150 DAT. Os resultados foram analisados estatisticamente em CRD. As caraterísticas salientes dos resultados são resumidas a seguir.

No primeiro experimento, aos 150 DAT, a redução máxima na altura da planta (47,53 cm), comprimento da copa (41,25 cm), largura da copa (44,63 cm) e clorofila-a (18,50 mg/g de peso fresco) foi registrada com a aplicação de paclobutrazol no solo a 0,1825 mg/pot (T3) e o paclobutrazol a 0,25 mg/pot (T4) foi considerado igual. A área foliar mais baixa (140,66 cm^2) e o diâmetro do caule (2,90 cm) foram observados no tratamento com paclobutrazol a 0,25 mg/pot (T4) e foi igual ao paclobutrazol a 0,1875 mg/pot. O maior grau visual da planta (4,57) e o maior grau de cor (4,60) foram registados com o paclobutrazol a 0,1825 mg/pot (T3), ao qual se seguiram o paclobutrazol a 0,125 mg/pot (T2), o paclobutrazol a 0,25 mg/pot (T4) e o paclobutrazol a 0,0625 mg/pot (T1). A maior clorofila - b (6,78 mg/g de peso fresco) foi registada com paclobutrazol a 0,1825 mg/pot (T3) que foi encontrado a par com paclobutrazol a 0,125 mg/pot (T2) e paclobutrazol a 0,25 mg/pot (T4). Não houve diferença significativa entre os tratamentos para o parâmetro de número de folhas.

Na segunda experiência, a altura máxima da planta (71,36 cm), número de folhas (16,00), comprimento da folha (60,39 cm), área foliar (208,36 cm^2), índice de crescimento da planta (63,37 cm), peso fresco da raiz (45,00 g) e conteúdo de N (3,46 %) e P (0,95 %) foram registados com cocopeat + areia + vermicomposto na combinação 2:1:1 (T5) aos 150 DAT. Largura máxima da folha (10.13 cm), peso seco da raiz (8.53 g), grau visual da planta (4.50), grau de cor (4.58), grau de raiz (4.45) e conteúdo de K (1.91 %) foram registados com cocopeat + areia + vermicomposto na combinação 2:1:1 (T5) e cocopeat + areia + FYM + vermicomposto na proporção 2:1:1:0.5 (T6) foi encontrado no par.

A maior redução do crescimento e a melhoria da qualidade do aglaonema cv. Ernesto's Favourite devido ao paclobutrazol podem ser atribuídas ao retardamento da síntese de giberelinas e ao aumento do teor de clorofila, respetivamente. O desempenho superior do meio cocopeat + areia + vermicomposto (2:1:1) pode ser devido à alta capacidade de retenção de água, melhor aeração, alta capacidade de troca catiônica, pH aceitável e baixa CE.

Conclusões

Uma leitura dos resultados experimentais revela que a aplicação de paclobutrazol no solo a 0,1825 mg/pot resultou na redução máxima dos parâmetros de crescimento e melhorou os parâmetros de qualidade da aglaonema cv. Ernesto's Favourite e que o paclobutrazol a 0,25 mg/pot foi considerado igual. No meio de envasamento, cocopeat + areia + vermicomposto na proporção 2:1:1 mostrou os melhores resultados em todos os parâmetros de crescimento e qualidade.

Futuro ramo de atividade

1. Os resultados indicam a necessidade de um estudo mais aprofundado dos efeitos a longo prazo dos retardadores de crescimento nas plantas utilizadas em paisagens interiores.
2. São necessários estudos sobre o efeito dos retardadores de crescimento das plantas e dos meios de envasamento em diferentes intensidades de luz ou diferentes níveis de sombra.
3. Podem ser efectuados estudos sobre os efeitos combinados de retardadores de crescimento e misturas de vasos em várias combinações em plantas de folhagem de importância comercial.

LITERATURA CITADA

(De acordo com o Regulamento PG da Universidade de Horticultura Dr. Y.S.R.)

Agrios, G. 1978. Plant Pathology. Academic Press, Orlando, FL.

*Ankita Hazarika Dhaduk, B.K. e Yadav, M.K. 2010. Crescimento vegetativo e floração da rosa holandesa de estufa cv. Naranga influenciados por diferentes meios de envasamento. Horticultural Journal, 23(2): 85-87.

Atiyeh, R.M, Lee, S, Edwards, C.A, Arancon, N.Q. e Metzger, J.D. 2002. The influence of humic acids derived from earthworm-processed organic wastes on plant growth (A influência dos ácidos húmicos derivados de resíduos orgânicos processados por minhocas no crescimento das plantas). Bioresource Technol. 84:7-14.

Bagci, S, Cayci, G e Kutuk, C. 2011. Crescimento da planta primula em meios de cultura à base de coirdust e turfa. Jornal de nutrição vegetal. 34(6). 909-919.

Barrett, J.E. 1982. Controlo da altura do crisântemo por ancymidol, PP333 e EL-500 dependente da composição do meio. Hortscience 17:896-897.

Barrett, J.E. e Bartuska, C.A. 1982. PP333 effects on stem elongation depedent on site of application. Hortscience 17:737-738.

Barrett, J.E, Bartuska, C.A e Nell, T.A. 1994. Comparação de aplicações de pacloutrazol em gotas e em espigas para controlo da altura de culturas de floricultura em vaso. HortScience 29:180-182.

*Barrett, J.E. e Bartuska, C.A. 1981. Comparação das actividades retardadoras do crescimento do EL-500 com o antimidol, o clormequato e a daminozida. Hortscience 16:443.

Barrett, J.E. e Nell, T.A. 1983. Resposta de Ficus benjamina a retardadores de crescimento. Proc. Fla. State Hort. Soc. 96: 264-265.

Barrios, M, Manzano, M.D, De Manzano, M.D. e Crane, J.H. pub.2000. Efeito de diferentes substratos no desenvolvimento de plantas ornamentais em viveiro. Proc. Interam. Soc. Trop. Hort., Venezula 42: 46-54.

Basirat, M. 2011. Utilização de resíduos de celulose de palma como substituto de meios de cultura comuns no cultivo de aglaonema. Jornal de Plantas Ornamentais e Hortícolas. 1(1): 1-11.

Bhattacharjee, S.K. 2006. Herbaceous perennials and shade loving foliage plants. Avishkar publishers, Jaipur.

Blessington, T.M. e Link, C.B. 1980. Influência do ancymidol em quatro espécies de plantas de folhagem tropical sob diferentes intensidades de luz artificial. Journal of the American Society for

Horticultural Science. 105(4): 502-504.

Blessington, T.M, Srithavaj, A.A. e Singletary, C.C. 1980. Influência dos métodos de rega e do antimidol em duas espécies de folhagem tropical mantidas num ambiente interior simulado. Journal of the American Society for Horticultural Science. 105(6): 785-787.

Brown, F.B. 1984. Os novos aglaonemas da Tailândia. Aroideana 7(2): 42-52.

Burton, A.L, Pennisi, S.V. e Iersel, M.W. 2007. Morfologia e desempenho pós-colheita de Geogenanthus undatus 'Inca' após a aplicação de ancymidol ou flurprimidol. Hortscience 42(3):544-549.

*Cathey, H.M. 1975. Actividades comparativas de retardamento do crescimento de plantas de ancymidol com ACPC, phosfon, chlormequat e SADH em espécies de plantas ornamentais. Hortscience. 10(3): 204-216.

*Chamani, E, Joyce, D.C. e Reihanytabar, A. 2008. Efeitos do vermicomposto no crescimento e na floração de Petunia hybrida 'Dream Neon Rose'. American-Eurasian Journal of Agriculture and Environment Science. 3 (3): 506-512.

Chapman, H.D e Pratt, P.F. 1961. Métodos e análises de solos, plantas e água. Univ. of California Div. of Agril. Sci. California.

Chaney, W.R. 2003. Retardadores de crescimento de árvores: Arboristas descobrindo novos usos para uma ferramenta antiga. Indústria de Tratamento de Árvores 14:54-59.

Chaney, W.R. 2004. Paclobutrazol: More than just a growth retardant apresentado na Conferência Pro-Hort, Peoria, Illinois, 4 de fevereiro th.

Chen, J, Henny, R.J. e Caldwell, R.D. 2002. O ethephon suprime a floração do maracujá-roxo (Gynura aurantiaca). J. Environ. Hort. 20:228-231.

*Clark, J.R. e Hackett, W.P. 1981. Interação de ancymidol e benziladenina no controlo do crescimento de Hedera helix juvenil. Physiologia Plantarum. 53(4): 483-486.

Collins, P.C. e Blessington, T.M. 1981. Influência da luz de produção e do ancymidol em plantas de folhagem. Hortscience 16(2): 215-216.

Conover, C.A. (1994). Crescimento da begónia Angle-wing e necessidades hídricas afectadas pelo paclobutrazol. Central Fla. Central Fla. Res. and Educ. Ctr.-Apopka Res. Rpt. RH-94-4, Univ. of Fla. /IFAS. http://mrec.ifas.ufl.edu.lp.hscl.ufl.edu/Foliage/ Resrpts/rh_94_4.htm.

Conover, C.A. e Satterthwaite, L.N. 1996. O paclobutrazol optimiza o tamanho da folha, o comprimento da videira e o grau da planta de pothos dourado em totens. J. Environ. Hort. 14(1):44-46.

Cox, D.A. e Whittington, F.F. 1988. Efeitos do paclobutrazol na altura e no desempenho da planta de alumínio num ambiente interior simulado. Hortscience 23(1):222.

Cresswell, G.C. 1992. Pó de coco - uma alternativa viável à turfa? p. 1-5 In: Proc. Austral. Conf. de Fabricantes de Misturas para Envasamento, Sydney.

Davis, T.D. 1987. Desempenho interior de três espécies de plantas de folhagem tratadas com paclobutrazol. Appl. Agri. Res. 2:120-123.

Dominguez, J, Edwards, C.A. e Subler, S. 1997. A comparison of vermicomposting and composting. BioCycle 38: 57-59.

Dong, S, Scagel, C.F, Chen, L, Funchigami, L.H. e Rygiewicz, P.T. 2001. A temperatura do solo e a fase de crescimento da planta influenciam a absorção de azoto e a concentração de aminoácidos da maçã durante o crescimento no início da primavera. Tree physiol. 21:541-547.

Dole, J.M. e Wilkins, H.F. 2004. Princípios e espécies de floricultura.
2ª ed. Prentice Hall, Upper Saddle River, N.J.

El-Maadawy, E.I, Nasr, A.A, Mazher, A.A.M. e El-Sayed, S.M. 2011. Influência de diferentes meios de cultivo no crescimento e nos constituintes químicos de Schefflera arboricola. Boletim da Faculdade de Agricultura, Universidade do Cairo; 2011. 62(2): 204212.

Emily Anna Stefanskia. 2008. Resposta do consumidor a combinações de plantas de folhagem em contentores. Dissertação de mestrado. Escola de pós-graduação da Universidade da Flórida.

Evans, M.R. e Iles, J.K. 1997. Crescimento de Viburnum dentatum e Syringa × prestoniae 'Donald wyman' em substratos à base de turfa de esfagno e de coirdust. J. Environtal. Hort. 15(3): 156-159.

Evans, M.R. e Stamps, R.H. 1996. Crescimento de plantas de cama em substratos à base de turfa de esfagno e de coirdust. J. Environ. Hort. 14(4): 187-190.

Farzad Nazari, Homayoun Farahmand, Morteza Khosh-Khui, Hassan Salehi. 2011. Efeitos da fibra de coco como componente do meio de envasamento no crescimento, floração e caraterísticas fisiológicas do jacinto. Revista Internacional de Ciências Agrárias e Alimentares. 1(12): 34-38.

Gad, M.M. 2003. Resposta do crescimento de Schefflera actinophylla, plantas daninhas a diferentes meios de plantação e aplicação de paclobutrazol. Assiut Journal of Agricultural Sciences. 34(3): 131-159.

Gaston, M, Kunkle, L.A, Konjoian, P.S. e Wilt, M.F. 2002. Dicas sobre a regulação do crescimento de culturas de floricultura. Ohio Florists' Assn, Columbus, Ohio.

*Gowda, J.V.N. Gowda, M.C. e Gowda, A.P.M. 2005. Influência de diferentes meios de cultivo no crescimento vegetativo do antúrio cv. Lady Jane. Crop Research. 30(20): 283-287.

Hagiladi, A e Watad, A.A. 1992. As plantas de Cordyline terminalis respondem a pulverizações foliares e a encharcamentos médios de paclobutrazol. Hortscience 27(2):128-130.

Henny, R.J, Chen, J e Mellich, T.A. 2008. Nova cultivar de planta de folhagem da Flórida: aglaonema 'Stripes'. Universidade da Flórida, IFAS Extension.

*Henny, 1990. Uma revisão da literatura sobre o uso de retardadores de crescimento em plantas de folhagem tropical. Central Fla. Central Fla. and Educ. Ctr.-Apopka Res. Rpt. RH-90-10, Univ. of Fla/IFAS. http://mrec.ifas.ufl. edu/foliage/resrpts/ rh_90_10.htm.

*Herath, H.E, Krishnarajah, S.A. e Damunupola, J.W. 2011. Efeito das hormonas de crescimento vegetal e do meio de envasamento no desempenho de crescimento de Ophiopogon japonicas (folhagem ornamental). Actas das sessões de investigação da Universidade de Peradeniya, Sri Lanka, Vol. 16, 183.

Hiscox, J.D. e Israeistam, G.F. 1979. Canadian Journal of Botany. 57:1332-1334.

Jackson, M.L. 1973. Soil chemical analysis, Prentice hall of India private limited, New Delhi, p. 182.

Jadwiga Treder. 2008. Os efeitos do cocopeat e da fertilização no crescimento e na floração da orientalily 'Star gazer'. Journal of Fruit and Ornamental plant research. 16: 361-370.

Jeyaseeli, M.D. e Samuel Paul Raj. 2010. Caraterísticas químicas da medula de coco em função do seu tamanho de partícula para ser utilizada como meio sem solo. O Ecoscan. 4(2&3): 163-169.

Jianjun Chen, Mc Connell Dennis B, Robinson Cynthia, Caldwell Russell D e Yingfeng huang. 2002. Produção e desempenho de plantas ornamentais tropicais de folhagem cultivadas em substratos de contentores com adubos. Ciência e utilização do composto. 10(3): 217-225.

Johnson, C.R. e Joiner, J.N. 1978. Influência de ancymidol e ethephon no crescimento de Ficus benjamina. Proc. Fla. State Hort. Soc. 91: 204-205.

*Joiner, J.N, Poole, R.T, Johnson, C.R. e Ramcharam, C. 1978. Efeitos de ancymidol e N, P, K no crescimento e aparência de Dieffenbachia maculata 'Baraquiniana'. HortScience. 1978. 13(2): 182-184.

Karlovich, P.T e Fonteno, W.C. 1986. Effect of soil moisture tension and soil water content on the growth of chrysanthemum in 3 container media. J. Amer. Soc. Hort. Sci. 111:191-195.

Khayyat, M, Nazari, F, Salehi, H. 2007. Efeitos de diferentes misturas de vasos no crescimento e desenvolvimento do pothos (Epipremnum aureum Lindl. e Andre 'Golden Pothos'). American-Eurasian J. Agric. & Environ. Sci. 2(4): 341-348.

Khelikuzzman, M.H. 2007. Efeito de diferentes meios de envasamento no crescimento de uma planta ornamental suspensa (Tradescantia sp.) J. Trop. Agric. And Fd. Sc. 35(1): 41-48.

Kumar e Purohit. 1998. Plant physiology fundamentals and applications 2nd edition. 337.

Ladan Moghadam, A.R, Oraghi Ardebili, Z e Saidi, F. 2012. Mudanças induzidas por vermicomposto no crescimento e desenvolvimento de Lilium Asiatic hybrid var. Navona. Jornal Africano de Investigação Agrícola 7(17): 2609-2621.

Lai, C.F.R. e Thomas, M.B. 1980. The influence of growth retardant chemicals, nitrogen and phosphorous on container grown Coleus blumei. Mauri ora 8: 3-9.

*Le Cain, D.R., Schekel, K.A. e Wample, R.L. 1986. Efeitos retardadores do crescimento do paclobutrazol na figueira-da-índia. Hortscience 21:1150-1152.

Lokesha, R, Mahishi, D.M. e Shivashankar, G. 1988. Estudos sobre a utilização de pó de coco como meio de enraizamento. Investigação atual, Universidade de Ciências Agrícolas, Banglore 17(12):157-158.

Malik, C.P. e Thind, S. K. 1994. Regulação do comportamento das plantas: Triazoles como potenciais reguladores do crescimento das plantas. J. Mendel 11: 15 - 91.

Mansfield, J.W. 1982. The role of phytolexins in disease resistance, p.253-288. In: Bailey, J.A e Mansfield, J.W (eds). Phytolexins. Blackie and Sons limited, Glasgow, U.K.

Mansour, H.A e Poole, R.T. 1987. Ensaios com retardadores de crescimento em plantas ornamentais de folhagem. Proc. Fla. State Hort. Soc. 100:375-378.

McDaniel, G.L. 1983. Atividade de retardamento do crescimento do paclobutrazol no crisântemo. Hortscience 18:199-200.

Merrow, A.W. 1994. Crescimento de duas plantas ornamentais subtropicais usando coco (medula do mesocarpo do coco) como substituto da turfa. Hortscience 29(12):1484-1486.

Meerow, A.W. 1995. Crescimento de duas plantas de folhagem tropical usando pó de coco como emenda de meio de recipiente. Tecnologia Hort. 5(3): 237-239.

Menhennett, R e Hanks, G.R. 1983. Comparação de um novo retardador de triazol PP333 com ancymidol e outros compostos em tulipas cultivadas em vaso. Plant growth regul. 1:173181.

Mojtaba Tatlari, Vahid Abdossi e Zahra Oraghi Ardebili. 2013. Revista Internacional de Investigação em Ciências Aplicadas e Básicas. 4 (4): 784-786.

Nielsen, D, Millard, P, Neilsen, G.H. e Hogue, E.J. 1997. Fontes de N para o crescimento das folhas num pomar de macieiras de alta densidade irrigado com solução de nitrato de amónio. Tree physiol. 17:733-739.

Noguera, P, Abad, M, Noguera, V, Puchades R e Maquieira, A. 2000. Resíduos de coco, um novo e viável substituto ecológico da turfa. Ata Horticulture. 517: 279-286.

Panse, V.G. e Sukhatme, P.V. 1985. Statistical methods for agricultural workers 2nd Edition. ICAR Nova Deli.

Pennisi, B. (2006). Melhorar o aspeto durante mais tempo. Ornamental Outlook 15(11):16-20.

Pennisi, S, JainJun Chen e Dennis McConnell. 2003. A aplicação de regulador de crescimento vegetal melhora o desempenho interior de três cultivares de dieffenbachia. Hortscience, vol. 38(5): 714-715.

Poole, R.T. e Conover, C.A. 1982. Influence of leaching, fertilizer source and rate and potting media on foliage plant growth, quality and water utilization. J. Amer. Soc. Hort. Sci. 107(5): 793-797.

Poole, R.T e Conover, C.A. 1988. Influência do paclobutrazol em plantas de folhagem. Proc. Fla. State Hort. Soc. 101:319-320.

Poole, R.T. e Conover, C.A. 1992. Uso da água e crescimento de oito plantas de folhagem influenciados pelo paclobutrazol. Foliage Dig. 15(12): 1-3.

*Pulley, G.E. e Davis, T.D. 1986. Efeito do paclobutrazol no crescimento e desempenho interior de várias espécies de plantas de folhagem. HortScience 21:702.

Qiansheng Li, Min Deng, Jainjun Chen e Richard J. Henny. 2009. Efeitos da intensidade da luz e do paclobutrazol no crescimento e no desempenho interior da Pachira aquatica. Hortscience 44(5): 1291-1295.

Radermacher, W. 1991. Efeitos bioquímicos dos retardadores de crescimento das plantas, p. 169-200. In:

H.W. Gausman (ed.). Reguladores bioquímicos de plantas. Marcell Dekker, Nova Iorque.

Sahni S, Sarma, B.K, Singh, D.P, Singh, H.B e Singh, K.P. 2008. O vermicomposto melhora o desempenho das rizobactérias promotoras do crescimento das plantas na rizosfera de Cicer arietinum contra Sclerotium rolfsii e a qualidade do morango (Fragaria x ananassa Duch.). Crop Prot. 27: 369-76.

Sameei, L, Khalighi, A, Kafi, M e Samavat, S. 2004. Substituição de turfa por alguns resíduos orgânicos em meios de cultura de pothos (Epipremnum aureum 'Golden Pothos'). Irão. J. Hortic. Sci. Technol 6: 79-88.

*Samiei, L, Khalighi, A, Kafi, M, Samavat, S e Arghavani, M. 2005. Investigação da substituição de musgo de turfa por resíduos de celuloide de palmeira para o cultivo de aglaonema (Aglaonema commutatum cv. Silver queen). Iranian, Journal of Agricultural Sciences. 36(2): 503-510.

Shadi Karim, Zahra Oraghi Ardebili e Vahid Abdossi. 2013. O crescimento e desenvolvimento modificado de plantas de azálea pela aplicação de vermicomposto. Revista Internacional de Investigação em Ciências Aplicadas e Básicas. 4 (4): 810-812.

Scagel, C.F. 1999. Regulação do crescimento radicular na propagação de plantas ericáceas. Proc. Combinado Intl. Plant Propagators Soc. 49: 589-593.

Scagel, C.F. 2003. Crescimento e utilização de nutrientes de plantas ericáceas cultivadas em meios alterados com turfa de musgo de esfagno ou coirdust. Hortscience 38(1): 46-54.

Shoaf, T.W. e Lium, B.W. 1976. Extração melhorada de clorofila a e b de algas usando di metil sulfóxido-limnol. Oceanography, 21: 926-928.

Singh, A.K, Shivaratan guptha e Ajit, Singh. K. 2010. Estudo sobre o nível de nutrientes de vários meios de envasamento e o seu efeito nas caraterísticas vegetativas e radiculares da dieffenbachia. Journal of Ornamental Horticulture, 13(2): 117-121.

Singh, D.R. e Nair, A. 2003. Standardization of rooting media for cuttings of certain house plants (Padronização de meios de enraizamento para estacas de certas plantas de interior). Journal of Ornamental Horticulture, vol. 6(1): 78-79.

*Singh, P. e Sidhu, G.S. 2002. Effect of potting media on the growth of pot plants. Floriculture Research trend in India. Actas do simpósio nacional sobre a floricultura indiana no novo milénio. Lal-Bagh. Banglore.25- 27.fevereiro, 2002 pp.355-356.

*Singh, P, Dhaduk, B.K, Chawla, S.L, Singh Alka, Aklade, S.A, Desai, J e Yadav, M.K. 2009. Normalização de meios de cultura para antúrio (Anthurium andreanum L.) cv. "Flame" em condições protegidas. Journal of Ornamental Horticulture. 12(2): 101-105.

*Srinivasa, V. 2006. Efeito do meio no crescimento e na floração de Anthurium andraeanum. Ambiente e Ecologia. 24S: Especial 2, 257-259.

Stamps, R.H. e Evans, M.R. 1997. Crescimento de Dieffenbachia maculata 'Camille' em meios de cultura contendo turfa de esfagno ou coirdust de coco. Hortscience. 32(5): 844-847.

Stamps, R.H. e Evans, M.R. 1999. Crescimento de Dracaena marginata e spathiphyllum 'Petite' em meios de cultura à base de turfa de esfagno e coirdust. J. Environ. Hort. 17(1): 49-52.

Tagliavivni, M, Millard, P e Quartieri, M. 1998. Armazenamento do azoto foliar absorvido e remobilização para o crescimento primaveril em nectarineiras jovens. Tree physiol. 18: 203207.

Tija, B e Sheehan, T.J. 1986. Controlo químico da altura de Lisianthus russellianus. Hortscience. 21(1): 147-148.

Tilt, K.M, Bilderback, T.E. e Fonteno, W.C. 1987. Efeitos do tamanho das partículas e do tamanho do recipiente no crescimento de três espécies ornamentais. J. Amer. Soc. Hort. Sci. 112: 981-984.

Tjosvold, S.A. 1991. Controlo da altura de plantas de folhagem maduras em vaso com os retardadores de crescimento B-Nine, cycocel, sumagic e bonzi. Flower & Nursery Report for Commercial Growers - Cooperative Extension, University of California. 1991. outono, 6.

Tomati, U, Grappelli, A, Galli, E. 1995. O efeito semelhante a uma hormona dos moldes de minhoca no

crescimento das plantas. Biol Fertil Soils 5: 288-294.
Verdonck, O e Gabriels, R. 1992. I. Método de referência para a determinação das propriedades físicas dos substratos vegetais. II. Método de referência para a determinação das propriedades químicas dos substratos para plantas. Ata Horticulture, 302: 169-179.
Wang, S.Y, Sun, T e Faust, M. 1986. Translocation of paclobutrazol, a gibberellin biosynthesis inhibitor, in apple seedlings. Physiol. 82: 11-14.
Wang, Y.T. e Blessington, T.M. 1990. Crescimento de quatro espécies de folhagem tropical tratadas com paclobutrazol ou uniconazol. HortScience 25(2): 202-204.
Wang, Y.T. e Gregg, L.L. 1994. Os reguladores químicos afectam o crescimento, o desempenho pós-produção e a propagação do pothos dourado. Hortscience 29(3): 183-185.
Wang, Y.T. 1987. Influência do ancymidol no crescimento e na qualidade interior do Syngonium podophyllum 'White Butterfly'. HortScience. 22(5): 959-960.
*Wazir, J.S, Sharma, Y.D. e Dhiman, S.R. 2009. Performance of potted alstroemeria (Alstromeria hybrida) in different growing media under wet temperate conditions. Jornal de Horticultura Ornamental. Vol.12 No. 3pp. 164-174.
*Wilfret, G.J. 1981. Retardamento da altura da poinsétia com 1C1-PP-333. Hortscience. 16: 443.
*Won EunJeong e Jeong ByoungRyong. 2007. Efeito de retardadores de crescimento de plantas nas caraterísticas de crescimento de Spathiphyllum em vaso num sistema de fluxo e refluxo. Korean Journal of Horticultural Science & Technology. 25(4): 443-450.
Zaghloul, M.A.E. 1998. Efeito de paclobutrazol e benzil adenina no crescimento vegetativo e na composição química de Codiaeum variegatum e Cordyline terminalis. Annals of Agricultural Science, Moshtohor; 36(4): 2447-2461.

* Originais não vistos

O modelo de "Literatura citada" apresentado acima está em conformidade com as "Diretrizes" para a apresentação de teses da Dr. Y.S.R. Horticultural University, Hyderabad.

APÊNDICE -1

Dados meteorológicos semanais durante o período experimental (01-09-2012 a 30-02-2013)

Month	Temperature (°C)		Mean Relative humidity (%)		Mean Shine hours day^{-1}	Mean evaporation (mm day^{-1})	Rainfall (mm)	Wind speed Km/hr	Mean Temperature (°C)	Rainy days
	Max.	Min.	I	II						
SEP	30.1	22.2	89	66	117.9	10	5.0	5.7	26.2	10
OCT	30.3	18.5	86	50	58.9	5	6.7	2.5	24.4	5
NOV	28.7	15.9	86	49	47.0	2	6.5	2.6	22.3	2
DEC	29.9	13.0	80	40	0.0	0	8.6	2.3	21.4	0
JAN	30.8	16.6	76	35	5.0	1	8.4	2.8	23.7	1
FEB	30.9	17.4	79	32	23.0	2	8.8	3.9	24.1	2

Printed by Books on Demand GmbH, Norderstedt / Germany